炭水化物が人類を滅ぼす

糖質制限からみた生命の科学

夏井睦

光文社新書

はじめに

本書では、中年オヤジでもスリムに変身できる方法を紹介する。だが、本音を言えば、できれば同年代の男性には読んで欲しくないと思っている。書店で見ても、気がつかずに素通りして欲しいとすら思っている。

なぜか。この方法なら、誰でも簡単に、短期間で努力なしに、ほぼ確実に痩《や》せられるからだ。痩せないわけがない、という驚異のダイエット法だからだ。

その簡単至極《しごく》な痩身法とは、「糖質制限」である。糖質（＝炭水化物と砂糖類）を食べない、というシンプル極まりない方法だ。それだけで、多くの人がほぼ確実に痩せられるのだ。

しかし私としては、自分が痩せればそれでいいのであって、自分以外の同年代のオヤジたちには痩せて欲しくないのである。私以外の中年オヤジはずっとデブ体型のままでいて欲しいのである。すっきりと痩せてしまった私の引き立て役として、彼らにはメタボ体型を保っていて欲しいのだ。

メタボおじさんたちがお腹《なか》を揺らしながら歩いている前を、私1人だけが颯爽《さっそう》と足早に歩いて軽やかに追い越す、というのが私の理想なのだ。それなのに、中年おじさんたちがみな、この本に気づいて痩せてしまったら、私が目立たなくなってしまうではないか。それでは困るのである。痩せてスリムになって人目を引くのは私だけでいいのだ。

その意味では、時々新聞などに掲載される、日本糖尿病学会の偉い先生の「糖質制限には害がある」というような談話も大歓迎だ（なぜ日本糖尿病学会が糖質制限に反対するかは後ほど詳しく説明する）。中年オヤジは権威に弱く、新聞にめっぽう弱いからだ。

だから、彼らがこの手の新聞記事を信じ込んで、糖質制限には手を出さないでいてくれたら、まさに私の思う壺《つぼ》である。

では、なぜこの本を書いたのか。もちろん、多くの女性に読んで欲しいからである。「メタボ系体型を何とかしたいんだけど」「何とかこのお腹のぜい肉を落としたいのよ」という幾多《いくた》の女性（とくに中年以降）に美しく変身して欲しいからだ。そして周囲の人から「どうしたの？　まるで別人じゃないの」と賞賛される快感を味わって欲しいのだ。

そしてできれば、「痩せられたのはこの本のおかげです。著者の先生にひと目会って、お礼が言いたくて……」という女性ファンが周囲に群がるようになったらいいなぁ、と考えて、この本を書いたのだ。


私はもともと、「外傷の湿潤治療」のインターネットサイト（『新しい創傷治療』http://www.wound-treatment.jp/）を作っている外科医であり、ダイエットとか食事療法なんてあたりから一番遠いところにいる人間だ。傷の治療ばかりしている外科の医者が、なぜ糖質制限の本を書くのか。それは単純に、医学的・科学的に糖質制限が面白いからである。

それは、自分の体を実験台にしてできる人体実験としての面白さであり、自分の体型と体重と体質がみるみる変化する面白さだ。実験開始からわずか数日で体質の変化が自覚できるスピーディーさが、なんとも実験屋魂をくすぐるのだ。

実験というのは本来、とても楽しくて面白いものだが、結果が出るスピードが速いほど面白さが増す。だからこそ、糖質制限は実験屋魂、科学者魂に火をつけるのだ。

そしてそれ以上に、糖質制限は「ホモ・サピエンスの本来の食べ物は何だったのか？」とか、「人間はなぜ穀物を栽培するようになったのか?」とか、「農耕はどのようにして始まったのか?」というような人類史の根幹に迫る手がかりを教えてくれる。それについては本書の後半で論を展開することにする。

「君が何を食べているか教えてくれれば、私は君がどんな人間かを当ててみせる」と書いたのは、フランスの法律家、政治家にして美食家のジャン・アンテルム・ブリア＝サヴァランだが、まさに「ホモ・サピエンスが何を食べていたかを知れば、ホモ・サピエンスとは何かを知ることができる」のである。糖質制限が持つこの「奥深さ」が、科学する者を自任する人間の心を捕《と》らえてやまないのだ。

このように考えていくと、「人類と食」という問題について考えるなら、弥生時代ではなく縄文時代を知らなければいけないことがわかってくる。糖質制限で体質が改善し、体重が減るという現象を解き明かすキーワードが、「縄文時代の食生活」だからだ。

現時点で定説となっているのは、「縄文時代は狩猟採集生活に終始した石器時代で、弥生時代にイネの栽培が始まったことから農耕文明が開花し、日本国成立の基礎が作られた」という説である。世界各地の歴史をひもとくと、コムギやイネといった穀物の栽培開始が、人口増加をもたらし、社会を複雑化させるにいたった原動力であることは、議論の余地のない事実であり、日本もその例外ではない。

しかし、後述するように、穀物栽培によりホモ・サピエンスが失ったものも、また多かったのである。じっさい、食生活の質という面では、じつは狩猟採集時代（縄文時代）の方が、農耕時代（弥生時代）より豊かだったのだ。穀物は天の恵みだったことは間違いないが、反面、それは文字どおりの「甘い罠《わな》」でもあったのだ。

私は2009年に光文社新書から『傷はぜったい消毒するな』という本を出させていただいた。ここでは、「消毒してガーゼ」というごくあたりまえに行なわれている傷の治療が、じつは間違っていることを指摘し、それを足がかりに多細胞生物の進化と神経組織発生の謎に迫るという大風呂敷を広げさせていただいたが、本書では、糖質制限という食事法を足がかりに、人類文明発祥の秘密、そして哺乳類誕生の秘密に迫るという、これまた巨大な風呂敷を広げてみようと思う。最後までおつきあいいただけたら幸いである。

炭水化物が人類を滅ぼす／目次

Ⅷ　糖質から見た農耕の起源　274

本文図版作成／デマンド

I　やってみてわかった糖質制限の威力

1　体型が学生時代に逆戻り！

２０１１年の暮れから翌年５月にかけて、個人的に一大事件があった。なんと、半年ほどで11キロも痩せたのだ。

最初のころは、「そういえばズボンが緩《ゆる》くなってちょっと体重が減ったかな？」という程度のものだったが、久々に体重計に上がってびっくりした。70キロの大台に近づいていることがわかってから、徐々に増大する体重を自覚するのが嫌で体重計に上がらないようにしていたのに、なんと59キロなのである。わが目を疑うとは、まさにこういう時に使う言葉だろう。思い起こせば、医学部入学当時は55キロくらいだったのが、医者になり、結婚し、同僚との宴会が増え、それに歩調を合わせるかのように体重も順調に増え、気づいたら70キロである。59キロなんて数字にお目にかかるのは20年ぶり、いや30年ぶりだ。

糖質制限の具体的な方法については後ほど詳細に説明するが、当時、私は単身赴任生活だったこともあり、その数年前から、「朝はオールブランなどのシリアルだけ、昼は売店で買ったお弁当、夜はビールや日本酒を飲みながら野菜炒めと焼き魚、主食なし」という食生活を続けていた。今考えると、意図せずに「なんちゃって糖質制限」をしているようなものだったのだ。だが、「上半身は貧弱なのにお腹だけぽっこり」という、人前で裸になりたくない情けない体型であり、体重は70キロ近くをキープし続けていた。何気なく食べていたものに、けっこう糖質が含まれていたのだろう。

ところがそのころ、インターネットで江部《えべ》康二《こうじ》先生（京都・高雄病院）の記事を読み、ものは試しと昼食のお弁当のご飯を半分残し、その後は3分の2を残しと、次第にご飯の量を減らしてみたのだ。２０１１年10月10日ごろのことである。

するとその2週間後、知人が、「お腹がへこんだよね。痩せたよね」と声をかけてきたのだ。あとで聞いてみると、周囲の人たちは私が痩せたのに気がついていたが、何しろ当時の私は54歳である。50代半ばで急激に痩せたとなったら、理由はほぼ確実に、ガンか何かの病気と相場が決まっている。そのため、みんな遠慮して「先生、ちょっと痩せました?」と声をかけづらかったそうだ。

だが、1月初めからは昼食のご飯をまったく食べなくなり、同時に夕食時に1杯だけ飲んでいた日本酒も、飲むのを止めて焼酎に切り替えた。すると、1月中旬には、体重が66キロに減っていたのだ。数年ぶりに再会した66キロという数字である。

2月初めには、ベルトは穴2つ分、細くなり、きつくて着られなかったスーツが10年ぶりに楽に着られるようになった。そして2月下旬には、これまた10年ぶりくらいにジーンズが30インチになり、5月中旬には体重は59キロになり、ジーンズを29インチのものに買い換えた。59キロで29インチといえば、医学部卒業時の体型ではないか。

2　高血圧も高脂血症も自然に治っていた

しかもこのころ、さらに大きな変化があった。高血圧がいつの間にか治っていたのだ。

じつは私は、40代半ばごろから、次第に血圧が上がり始め、50歳前後から150／100㎜Hgという立派な（?）高血圧患者だった。

しかし、「医者のくせに高血圧を放置するなんて、何を考えているんですか?」と医者に叱責《しっせき》されるのが嫌だったため（私が内科の医者で、私みたいな患者がいたら、絶対に叱りつける）、仕事が忙しいことを口実に、数年間、未治療のまま放置していたのだ。

とはいっても、治療が必要なレベルの高血圧であることは、医者だから十分に知っているし、このままだとかなり危なそうなこともわかっている。それどころか、血圧上昇に歩調を合わせるかのように、血液中の中性脂肪もＬＤＬコレステロール（いわゆる悪玉コレステロール）も上昇し、どう見ても立派な高血圧症＋高脂血症患者であり、そろそろ治療しないとマズイことになりそうなことも明らかだった。

そんな私が、糖質制限開始から5カ月目に、何気なく血圧を測ってみたら、124／82㎜Hgとまったく正常になっていたのだ。この間、私がしたことといえば、昼食のご飯を食べなくなったことと、日本酒を飲まなくなったことだけである。降圧剤も飲まず、運動もしていないのだ。

そして同時に、中性脂肪やＬＤＬコレステロールの値も正常化していた。ところがこの間、唐揚げもフライも、以前よりたくさん食べていたのである（後述するように、糖質制限では脂肪とタンパク質は好きなだけ食べられる）。

現在の医学の常識でいえば、血液中の中性脂肪を減らすには、脂肪と摂取カロリーを減らすのが常道なのに、私の食生活は、カロリー制限なし・脂肪摂取制限なしで、中性脂肪もLDLコレステロールも低下したわけだ。

これはどう考えても、「医学の常識」が間違っていると判断せざるをえなくなってくる。

こんなことから、私は糖質制限の世界にのめり込んでいった。常識を疑うことが三度の飯（もちろん、このころの私は「三度の飯」どころか「飯」は一粒も食べなくなっていたが）より好きだったからだ。

3　昼食後に居眠りしなくなった

糖質制限をするようになって、ふと気がついたのは、「昼食後に眠らなくなった」ことだ。それまでは、「昼食を食べて眠り、午後の仕事に備える」のが、あたりまえというか日課だった。食後に眠るのはあまりに日常的であり、他の医者もみな寝ているため、それが普通だと思っていた。

だが、どうやらそれは「普通」ではなかったのである。

どこの医局もそうだと思うが、午後の医局や談話室などは、居眠りオッサンばかりである。ソファの上に横になって熟睡している医者、自分の机にうつ伏せになって眠っている医者、椅子に座り背もたれに寄りかかって眠り姫状態の医者など、みんなさまざまな格好で夢の世界である。なかには、ソファの上で豪快なイビキをかいては、睡眠時無呼吸発作をくりかえしている医者までいる（今思い起こすと、無呼吸発作で呼吸が止まっていた医者はみな、見事なまでに肥満体型だった）。

ところが、昼食のお弁当のご飯を食べなくなってからは、食後にまったく眠くならないのだ。頭がすっきりしたままというか、眠気が襲ってこないというか、そういう状態がずっと続くため、眠る必要がないのだ。

眠くならなければ起きているしかなく、せっかく起きていてもそこは病院だから、仕事をするくらいしかすることはない。かくして、糖質制限を始めてから、「昼食後の1時間の居眠り」がなくなってしまった。つまりそれは、「日中の時間が1時間増えた」のと同じだ。

4　二日酔いがなくなった

しかし、この「昼食後の1時間分の昼寝」という、医者になってほぼ毎日の習慣と化していた睡眠がなくなることで、その分どこかにしわ寄せがくるのではないだろうかと心配にならないだろうか。私もちょっと心配したが、どこにもしわ寄せはこなかった。

昼食後に眠くならないまま夕方までずっと仕事をして、その後、いつもの居酒屋さんで夕食（野菜炒めと焼き魚、1杯のビールとその後は焼酎）を食べて帰宅しても、眠気は襲《おそ》ってこないのである。その後は、焼酎水割りやウイスキーのハイボールを飲みながら仕事を続け（ちなみに酒のつまみは一切食べない）、午後11時すぎにスイッチが切れたようにベッドに倒れ込んで昏々《こんこん》と眠り、翌日朝5時に何事もなく起床（年寄りは朝の目覚めが早いのだ）するだけだった。何日続けても、このパターンが続くだけで、不眠症になるわけでもなければ睡眠障害が起こるわけでもなく、その他の不愉快な症状も見られないのである。

それどころか、朝の目覚めが非常に爽《さわ》やかなのだ。二日酔いしなくなったからだ。具体的に言えば、胃のムカツキと吐き気という、二日酔いの不快な消化器症状がないのである。酒量が過ぎれば、朝起きても「酒が残っている」症状はあるが、消化器症状は皆無《かいむ》なのだ。

ようするに、飲酒量は減らしていないのに、二日酔いだけが消失したのだ。

私は20歳になる前から酒の味を覚え（もうすでに時効成立と思うが）、以来、30年以上酒を飲まない日がないという休肝日なしの酒好き人間だが、糖質制限を始めてから、ものの見事に二日酔いをしないのである。二日酔いがないから、「スッキリ爽やか」な目覚めなのだ。

じつは、糖質制限を始めたころ、宴会のシメの雑炊《ぞうすい》があまりに美味《おい》しそうだったので（目の前のふぐ鍋の雑炊を我慢できる人はそうそういないと思う）、それを茶碗1杯食べたところ、翌日に猛烈な二日酔い症状に苦しんだことがある。韓国のチゲ鍋でシメに入れたインスタントラーメンを食べた時も、寿司屋の宴会で最後にお寿司を1人前食べた時も、申し合わせたように翌朝は二日酔いになった。ようするに、二日酔いになるかならないかは、飲んだ酒の量ではなく、糖質を食べたかどうかだけなのである。

これは医学的にも説明できる。

食物が胃袋に留まっている時間のことを、胃滞留《たいりゅう》時間という。一般的には、胃滞留時間の短いものを「消化がよい食べ物」と呼んでいる。

では、肉・魚とご飯・麺類では、どちらが胃滞留時間が短いだろうか。

一般的には、「ご飯や麺類は消化がよい。しかしお肉は消化に悪い」と言われているが、これが大間違いなのである。肉や魚などのタンパク質は、胃酸で速やかに消化されて小腸に送られるため、胃滞留時間は数十分程度である。逆に、ご飯や麺類は胃酸では消化されず、いつまでも胃のなかに留まっている。

ようするに、「ご飯やうどんは消化によい」と世間に流布《るふ》している常識のほうが、間違っているのだ。

このことは、消化器内科や消化器外科の医者なら、日常的に実感しているはずだ。たとえば、緊急内視鏡検査では、普通に食事をしたあとの状態の胃のなかを見ることになるし、十二指腸潰瘍穿孔《かいようせんこう》で急性腹膜炎が起きた時には、緊急開腹術が行なわれ、胃袋を切開することになる。

そんな時、きまって目に入るのは、米粒と麺類と野菜だ。しかし、ステーキを食べた直後でも、肉の塊《かたまり》はどこにもないのだ。かき消したように肉は姿を消している。

これは一般の人も目にすることができる。泥酔《でいすい》して吐いている人のゲロを観察してみてほしい（もちろん、頼まれても見たくないものの一つがゲロであるが）。

ゲロの中身は米粒、麺類、そして野菜だけであり、肉の姿はどこにもないはずだ。ついさっき、焼き鳥や唐揚げを食べていたのに、それらはどこを見ても見つからない。ようするに、胃袋のなかの肉や魚はすみやかに姿を消すのに対し、いつまでも居座っているのはご飯と麺類、つまり糖質なのである。

ここで話を二日酔いに戻す。

宴会で、「シメの雑炊・うどん」や、「酒のあとのラーメン」を食べたら何が起こるだろうか。そう、雑炊のご飯や麺類は何時間も胃袋に居座り続け、その間、胃袋はそれらを消化しようと胃酸を出し続けるはずだ。午後11時に「シメの雑炊」を食べ、自宅に戻って12時に寝たとしても、おそらく午前3時か4時までは胃酸は出続けているのだ。

そして翌朝、目が覚めた時、逆流性食道炎特有の胃もたれ症状と、胃部の不快症状に悩まされるのだろう。

逆に糖質制限の場合、夜11時までステーキと焼き鳥を食べたとしても、30分後には胃袋は空っぽ状態になるから、胃酸はそれ以上出ず、朝起きた時も、逆流性食道炎のような症状は起きないと説明できる。

「酒のない　国に行きたい二日酔い　また三日目には帰りたくなる」という江戸狂歌がある。

まさに、酒飲みの心の内を代弁してくれる名歌（?）であるが、糖質制限を始めたことで毎日二日酔い知らずになり、「酒のない国に行きたい」と思うこともない。

酒飲みというのは、酒は好きだが、二日酔いは大嫌いな生き物だ。しかし、酒と二日酔いは不可分の存在だと思っていたから、二日酔いになるとわかっていても、酒を飲んできた。

しかし、二日酔いの原因は、酒ではなく、糖質だったのだ。つまり、糖質さえなくしてしまえば、酒と二日酔いは分離でき、「酒を飲んでも二日酔いにならない」という、酒飲みにとっては天国のような理想の状態になる（もちろん、飲みすぎれば酒が残り、頭痛には襲われるが）。

5　睡眠時無呼吸が治った

もう一つ、自然に治ってしまったのが、イビキと睡眠時無呼吸症候群だ。

以前は両方ともひどく、隣の部屋で寝ていても、「うるさい」「呼吸が止まって怖い」と家族に文句を言われるほどだったが、糖質制限をして10キロほど痩せてからは、イビキが少なくなり、無呼吸になることもなくなったようだ（……もちろん、伝聞証拠ではあるが）。

睡眠時無呼吸の原因には、肥満をはじめとしてさまざまな原因があげられているが、私の場合、体重が10キロ減っただけで睡眠時無呼吸の症状がなくなったのだから、原因は単なる肥満だったと見るべきだろうし、イビキの原因も肥満だったと思われる。

睡眠時無呼吸がなくなったことは、自分でも自覚していた。夜中や早朝に悪夢を見て目が覚める、ということがなくなったからだ。体重70キロ時代には、とても怖い夢を見て真夜中に目が覚めることが少なからずあった。今考えると、あの時は呼吸が止まっていて、三途《さんず》の川の渡し舟に片足をのせていたのかもしれない。とても心臓によくない目覚め方である。

しかし、糖質制限で体重が減ってからは、そういう「恐怖の目覚め」がなくなった。その結果、朝に自然に目が覚めるまで、ぐっすりと熟睡するようになったし、寝覚めもすっきり爽やかになったのかもしれない。たぶん、睡眠時無呼吸のために睡眠が中断されなくなったためだろうと思う。

6　糖質センサー、発動！

こうなってくると、自然と主食を食べるのが苦痛になってくるというか、脳みそが自然に拒否するようになる。食べると猛烈に眠くなるし、次の日、目覚めた時に、胃がむかついて二日酔いだからだ。どう考えても糖質は、「体にとって毒」のようなのである。

それと同時に、食べ物に入っている糖質に、敏感に反応するようになった。まるで舌か口腔粘膜に「糖質センサー」があるかのごとく、糖分が含まれている食品を口に入れたとたんに「糖分警報」が鳴るようなイメージである。

糖質制限を本格的に開始して体重が数キロ落ち始めたころ、中華料理を食べに行ってびっくりしたのだが、最初から糖分が多いことがわかっている料理（例：エビチリ）は避けたはずなのに、ニンニクの芽を炒めた料理を口に入れたとたん、砂糖独特の鈍重《どんじゅう》な甘さがわかったのだ。まさに「糖分警報発令！」である。

同行した人間は、砂糖に気がつかなかったようなので、おそらく、隠し味程度の量と思われるが、体がここまで敏感に反応するとは驚きだった。

同様に、デンプンも、口に入れて噛《か》んでいるうちに「警報」が鳴るのだ。これに気がついたのは、糖質制限開始から2カ月目ころだ。

ある研究会に出席して、夕食もとらずに討論を続け、自宅に戻るために駅についた時にはすでに11時すぎで、20分後には電車が出てしまう、ということがあった。他に選択肢がなかったため、駅の立ち食い蕎麦《そば》を食べたのだ。

ところが、なんとか半分までは食べたものの、それ以上はどうしても口に入れられなかったのだ。お蕎麦を半分しか食べていないというのに、胃袋のあたりは変に重いし、それにも増して、口のなかがベタついているような変な感じなのだ。また、蕎麦汁の甘ったるさにも閉口した。

同様の現象は、ビールや日本酒でも起きた。無類の酒好きなのに、日本酒がまるで飲めなくなってしまったのだ。吟醸《ぎんじょう》酒の香りは今でも素晴らしいと思うし、大好きなのだが、口に入れてしまうと「糖質」がもろに口腔粘膜を直撃する感じで、美味しく感じられなくなったのだ。日本文化の精髄ともいうべき吟醸酒が飲めなくなったのは、私にとっては糖質制限の最大の副作用だった。

ビールも、糖質制限前には、中ジョッキなら4杯でも5杯でも際限なく飲めたのに、糖質制限開始から2カ月もすると、1杯を飲み干すのがやっとである。ラガービールや生ビールが「甘い」からだ。その甘さのために、どうやら脳みそが飽きてしまうらしい。

人間、変われば変わるものである。

7　病院で糖質制限、流行中

私が数カ月で痩せ、しかもその原因は病気でなく、糖質制限だということが次第に知られるようになってきた。なにしろこの私自身が、糖質制限の効果（威力といってもいいかもしれない）のなによりの証拠である。

しかも、1キロとか3キロとかいうレベルではなく、10キロである。気にならないほうがおかしい。

早々に、同じ病院で糖質制限に挑戦する医者が現れはじめた。ネットで調べれば、何を食べていいのか、いけないのか、ただちに情報が得られる時代である。おまけに、運動が必要なわけでもなければ、酒をやめる必要もなく、カロリー計算をする必要もなければ、特別なサプリメントを購入する必要もないときている。試しにトライしてみるにはハードルが低すぎるくらいだろう。

私は2012年4月に現在の病院に異動したが、3月までいた病院で、かなりの人数の職員がダイエットに成功し、新しい病院でも何人もが、5〜10キロの減量に成功した。

かくして、私の周囲で静かに、そして確実に、糖質セイゲニスト（糖質制限している人、という意味の私の造語）が増えていった。

Ⅱ　糖質制限の基礎知識

1　「糖質」って何？

本書は「糖質制限」についてさまざまに考えていくが、そもそも「糖質」とは何だろうか。簡単にいえば、糖質とは、「血糖値を上げる栄養素（食品）」である。摂取した後、すみやかに血糖に変わるのが糖質である。問題の本質は、血糖を上げるか上げないかだけなのだ。

血糖が増えると人体に害があるため、体はそれを筋肉細胞などに取り込むことによって減らすことになるのだが、糖尿病の人の場合には血糖を減らす機能のスイッチとなるインスリンがうまく働かないため、高血糖状態が続き、目の網膜や腎臓に障害が起こることになる。

だから、血糖を上げない食事ならいくら食べてもいいが、食後に血糖を急速に上昇させる食品は、少量食べただけでも問題を生じるわけだ。そして高血糖は、糖尿病だけでなく、さまざまな健康被害の原因となる。

血糖をもっとも効率的に上げるものが、ブドウ糖（グルコース）だ。だから、糖質制限においてはブドウ糖そのものが含まれる食品はなるべく避けるべきだし、体内でグルコースに変わるデンプンも控える必要がある。

しかし、同じ炭水化物であっても、食物繊維のように、人体が分解も吸収もできないものであれば食べても問題はない。果物に含まれる果糖（フルクトース）は、血糖値を上げないが、ただちに中性脂肪に変化して太る原因となる。だからアボカド（糖質が少なく脂質が多い果物である）のような一部の例外を除き、果物も食べないほうがいい。

乳糖（ラクトース）は摂取してもいいようだ。また人工甘味料の多くは、強烈な甘味を持っていても血糖を上げる作用は少ないため、「血糖を上げる糖質」には入らない。

さらに、問題は血糖値の上昇だけなので、血糖値と関係のない食品（タンパク質、脂肪）は摂取を制限する必要はないし、摂取カロリー数を計算する必要もないわけだ（食物のカロリーの問題はあとで詳しく考えていく)。極めて単純明快である。

2　食べていいもの、駄目なもの

糖質制限とはようするに、血糖を上げない食べ物を食べるようにすれば、体重が減り、ウエストがスマートになり、ついでに糖尿病も治る、ということである。

食後に血糖を上昇させる原因は、ブドウ糖そのものと、体内で吸収されてブドウ糖に変化するもの、つまりデンプンだ。

逆に、くりかえしになるが、炭水化物といっても食物繊維は、人間がそもそも消化できないため血糖を上げることはない。

まとめると、おおよそ次のようになる。

【米、小麦(うどん、パスタ、パンなど)、蕎麦】

↓原則的に食べてはいけない。

玄米も血糖を上げるので避ける。

【砂糖が含まれているもの、砂糖が味付けに使われているもの】

↓食べてはいけない。

【肉、魚類、卵】

↓いくら食べても大丈夫。

【大豆製品（豆腐、納豆、枝豆など）】

↓いくら食べても大丈夫。

【野菜（葉物類など）】

↓いくら食べても大丈夫。

【野菜（根菜類）】

↓根菜類（芋類、ニンジン、レンコンなど）は糖質が多く、食べないほうがよい。

【キノコ類、海藻類】

↓いくら食べても大丈夫。

【果物】

↓アボカドは食べてもいいが、その他の果糖の多い果物は肥満の原因になるので摂取を避ける。

【乳製品】
↓チーズはいくら食べても大丈夫。
ヨーグルト・牛乳は、よほど大量でなければ大丈夫。
【ナッツ類】
↓食べても大丈夫（例外はコーン、ジャイアントコーン）。
【お菓子類、スナック類】
↓原則的に食べてはいけない。
【油類】
↓いくら摂取しても大丈夫。
マヨネーズ、バターも大丈夫。
【揚げ物】
↓フライ、唐揚げの衣程度なら、大量摂取しなければ大丈夫。
天ぷらの衣には、けっこう糖質が含まれているので、食べすぎない。
【ジュース、炭酸飲料、缶コーヒー、スポーツドリンク】
↓「無糖」と表示しているもの以外は飲んではいけない。

【酒類】
↓醸造酒（日本酒、ビール、マッコリなど）は飲んではいけない。
蒸留酒（焼酎、ウイスキー、ウォッカ、テキーラなど）は飲んでよい。
甘くない赤ワインは飲んでもよい。糖質オフのビール・缶酎ハイは飲んでも大丈夫。

3　糖質制限の種類

糖尿病の糖質制限治療の提唱者、高雄病院の江部康二先生は、糖質制限を次の3パターンに分けている。

◇プチ糖質制限……夕食のみ主食抜き
◇スタンダード糖質制限……朝食と夕食のみ主食抜き
◇スーパー糖質制限……三食ともに主食抜き

この分類は、とても理にかなっている。

まず、糖質制限に興味を持たれた人は、「プチ制限」に挑戦して欲しい。じつはこれだけでもダイエット効果があり、ウエスト引き締め効果があるからだ。

しかも酒飲みなら、焼酎の水割りを飲みながら、野菜炒め＋焼き魚＋唐揚げ、あるいは1人用鍋でも食べて、そのあとでラーメンや雑炊などの炭水化物を食べなければいいだけだから、けっこう気軽に始められるはずだ。

2番目の「スタンダード制限」は、「プチ」で糖質抜きに慣れたサラリーマン向き。サラリーマンの場合、昼食の選択肢があまりないため（会社の近くの定食屋、ラーメン店、蕎麦屋、コンビニ弁当くらいしか食べるものがないはずだ）、昼食で糖質を抜くことが現実的に難しいから、この「スタンダード制限」が現実解だろう。

そして最後の「スーパー制限」は、糖尿病患者、あるいはスタンダード制限でも生ぬるいと考えるストイックな人向けだ。ダイエット効果もウエスト引き締め効果も抜群であり、「健康診断で糖尿病といわれたが、医者に行かずに治したい」という人に向いていると思う。

ちなみに筆者は、「スタンダード以上、スーパー未満」といったあたりの食生活を続けている。三食ともに主食は抜いているが、衣に糖質が含まれている天ぷらや唐揚げも、あまり気にせずに食べているからだ。

Ⅲ　糖質制限にかかわるさまざまな問題

1　「主食」という言葉を忘れてみる

日本人の食事は、基本的に「ご飯（主食）とおかず」である。つまり、漬け物や焼き魚やおひたしなどを「おかず」にして、お茶碗2～3杯分のご飯（白米）を食べる、というスタイルであり、食べるターゲットはあくまでも「ご飯」で、おかずはそのための補助・手助け、という位置づけである。

たとえていえば、おかずは、ショパンのピアノ協奏曲におけるオーケストラ、寄席《よせ》における前座、結婚式における花婿《はなむこ》のようなものだ。主役はあくまでも、ご飯であり、ピアノであり、真打《しんう》ちであり、花嫁なのだ。

炊いた白米の味は、基本的にほんのりと甘くて香りがよく、しかもそれ自体の味はくどくないため、塩味や辛みで味付けされた「おかず」と非常によく合う。じっさい、美味しい塩辛や漬け物さえあれば、どんぶり飯が何杯も食べられると豪語《ごうご》する人も珍しくない。

そして、ご飯（主食）とおかずには、上下関係が厳然としてある。どんなにおかずが豪華であっても「ご飯が主、おかずは従」だ（だから主食という言葉が存在する）。大多数の日本人の意識としては、「ご飯を食べるためのおかず」であり、「おかずを味わうための添え物としてのご飯」という発想はないはずだ。

これは「酒（日本酒）と肴《さかな》」の関係と似ている。肴はあくまでも酒の引き立て役であり、酒の味を邪魔してはいけないのと同じだ。

この「ご飯とおかず」のスタイルは、外食の基本でもある。コンビニや持ち帰り弁当店の唐揚げ弁当、のり弁当、ハンバーグ弁当は、すべてご飯と、ご飯をたいらげる助けとなる味付けをしたおかずとの組み合わせだ。

定食屋のホッケ焼き定食も、唐揚げ定食も、豚汁定食も、同様だ。レバニラ炒め定食、八宝菜定食も、同じ発想で組み立てられているし、日本の誇る丼物（天丼、カツ丼、中華丼、鰻丼《うなどん》、牛丼）も鰻重も、基本はどれも、「ご飯とおかず」である。

さらに言えば、ねこまんま（冷えたご飯に味噌汁をかけただけのもの）も卵かけご飯も、お茶漬けもふりかけご飯もおにぎりも、カレーライスもお寿司も、同じ範疇《はんちゅう》に入り、どれも「ご飯とおかず」という基本構成を守っている。

豪華絢爛《けんらん》なおかずもあれば、貧相なおかずもあるが、その真ん中に白米が鎮座《ちんざ》ましましている構図は同じだし、白米を食べ切るまで食事は終了しない。

ちなみに、このような「ご飯とおかず」という食べ方の様式が日本に生まれたのは、平安時代であり、その成立には、「米は神が授けてくれた神聖な食べ物」という、米信仰ともいうべき意識が働いていたようだ。

逆にいえば、「ご飯とおかず」という食事の概念は、人類普遍のものではなく、かなり特殊なのである。じっさい、英語やフランス語などのヨーロッパ系言語には、日本語の「主食」に相当する単語がないか、あっても、日本語の「主食」とはニュアンスがまったく異なっているようだ。

糖質制限のすごいところは、この日本人の食の原点ともいうべき「主食」を完全否定している点にある。だから、じっさいにやってみると、たいしたことなく簡単に始められるのに、「主食を食べない」というだけで、心理的軋轢《あつれき》や多大な葛藤《かっとう》を生むわけである。

とりあえず、頭から「主食」という言葉を追い出すことが重要だ。

2　個人で始めるのは簡単なのに

糖質制限は、実行すること自体は非常に簡単だ。必要な知識は、食材に含まれる糖質の量だけであり、それ以外の知識も努力も不要だ。「今日の昼飯から、ご飯を食べないようにしてみるかな」と思い立つだけで、始められる。

しかし、糖質制限を朝食や夕食だけでも始めようとすると、物事はそんなに簡単ではない。家族の食事をどうしたらいいのか、という大問題にぶつかるからだ。

家族全員に糖質制限について理解してもらおうとすると、じつに大変なのだ。むしろ、最初は理解してもらえないことが多いはずだ。とくに小さな子どもがいる場合、子どもに糖質制限をしても大丈夫なのか、成長期の子どもが糖質を摂取しないで成長が妨げられないのか……と、まだ結論が出ていないことが多い。場合によっては、献立を2種類作る必要さえある。

そして家庭の主婦にとっては、それまで慣れ親しんだ「ご飯とおかず」という黄金の方程式が、通用しなくなってしまうことを意味する。

前述のように、日本人の食事の基本は、「白米と、白米を美味しく食べるためのおかず」という組み合わせであり、それを数百年間続けてきたのだ。まさに日本人の食の原点である。そういう「白米を美味しく食べるためのおかず」を作るためのさまざまなノウハウが積み重ねられ、世代を超えて引き継がれてきたのだ。

糖質制限は、そういう数百年間の積み重ねを一挙に崩壊させてしまうのだ。まさに「星一徹のちゃぶ台返し」である（ちなみに、漫画の『巨人の星』の原作では、ちゃぶ台をひっくり返すシーンは1カ所しか登場しない）。

このあたりは、筆者が15年前に始めた「傷の湿潤治療」に似ている。

湿潤治療では、「傷を乾燥させない／消毒しない」を2大原則にしているが、これはまさに、それまでの傷の治療の大原則であった「傷を乾燥させる／しっかり消毒する」を根本からくつがえすものだった。

最近ようやく、医学の世界でもこの治療法が知られてきたが、15年前は、「消毒をしない」

ということで、天地がひっくり返るような騒ぎとなった。当時の医学的処置や治療はすべて、「消毒」を基本に組み立てられていたからだ。

日本人にとっての「主食」とは、まさに「傷の消毒」と同じなのである。

3　パラダイム・シフトにおける個人と組織

それまでの常識が一挙にひっくり返ってしまうような変化のことを、パラダイム・シフトと呼ぶ。筆者の前作である『傷はぜったい消毒するな』では、医療におけるパラダイム・シフトである湿潤治療を紹介し、あわせて、「個人が変化を受け入れるのは容易だが、集団が変化を受け入れるのは難しい」ことを説明したが、じつはこの糖質制限も、パラダイム・シフト級の変化であり、それゆえに、「個人で糖質制限を始めるのは簡単だが、集団に糖質制限を導入するのは困難」ということになる。

家庭という社会の最小単位ですら容易ではないのだから、会社とか地域社会のような大きな単位になればなるほど、糖質制限というパラダイム・シフトは、さらに受け入れ困難となるのは当然だろう。組織は大きくなるほど保守的になり、大きな変化を受け入れたがらないものだ。

しかし、変化を受け入れることができる個人は必ず存在する。つねに脳みそのアンテナを伸ばして、新しい考えをキャッチしようとする人間だ。

やがて、そのような人間の説明を受け入れる人間が次第に増えてくる。そして、社会を構成する人間の世代交代により、「社会の常識」はいつの間にかひっくり返り、パラダイム（＝社会の常識）が大転換する。天動説から地動説へのパラダイム・シフトはまさにこれだった。おそらく糖質制限も同様だろう。

現時点では、糖質制限はまだ、ごく一部の人間が実行しているだけだが、私の知るかぎり、糖質制限を始めた人で、元の糖質食に逆戻りした人間はほとんどいない。それは、糖質制限をすることで体調がよくなり、体型がスマートになるという効果を実感しているからだろう。

そして、いったんその絶大な効果を体験してしまうと、もう元の「糖質食生活」になんて戻りたくなくなるものだ。いったん痩せられて体の調子もすこぶるよいのに、みっともないデブ体型になんて戻りたくないからだ。

つまり今後、糖質制限をする個人が増えることはあっても、減ることはないと考えられる。

これは、一度でも携帯電話を使ってみれば、もう以前の、公衆電話を探して電話をかけていた時代には戻れないのと同じであり、一度でも車に乗ってしまうと、それ以前の駕籠《かご》や馬車の生活には戻れないのと同じだ。

4　単身赴任者、独身者ほど、糖質制限生活を始めやすい

このように考えると、糖質制限を実行しやすいのは、独身者と単身赴任者だとわかる。自分で食事をコントロールできるからだ。

「そんなことをいわれても、自分は料理も作れないし、料理の知識もない。バランスのとれた食事なんて自分1人で食べられるわけがない」と反論される人がいると思うが、ところがどっこい、これが大間違いなのである。

独身者・単身赴任者の糖質制限には、「コンビニ」や「居酒屋」という強い味方がいるのである。そして、居酒屋やコンビニ食では、じつに理にかなった糖質制限食が可能なのだ。

最近のコンビニは「おかずだけ」で売っていて、種類もかなり豊富だ。単品の豆腐サラダも売っていれば、レバニラ炒めの単品もある。ガッツリ食べたいなら、唐揚げとトンカツの合わせ技で食べたっていい。もちろん、揚げ物の衣には糖質（小麦粉、パン粉）が含まれて

いるが、パンやご飯の糖質の量に比べれば許容範囲内である。唐揚げ一人前でも、おにぎり1個の糖質よりずっと少ないのだ。

そして何より、糖質制限ではカロリーを気にする必要はないし、脂質も食べ放題なのである。コレステロールが多いとか少ないとか、まったく考えなくていいのだ。

そして夜は、お気に入りの居酒屋のカウンターに座って、「肉野菜炒め定食のご飯抜き」とか「ホッケ焼き定食のご飯抜き」と、「チゲ鍋一人前」でも注文して、ハイボールや焼酎のオンザロックを飲めば、ほぼ完璧な糖質制限となる。

さらに、帰宅して飲み足りなければ、ミックスナッツ（アーモンド、クルミ、マカダミアナッツの組み合わせが最高。ジャイアントコーンは糖質の塊なのでダメ）をツマミに、フルボディの赤ワインでも飲めばいい。いずれも帰宅途中にあるコンビニで手に入る、立派な糖質制限食品である。

「なんだか食事の量が少なくて、満足できるのかなあ」、と心配される人もいると思うが、糖質制限食を始めてみるとわかるが、じつはそれほど量を食べなくても満足するようになるのだ。じっさい「糖質制限にしてみたら、1日2食で大丈夫になった」という人も、珍しくない。

私の場合も、昼はベビーチーズ2つとナッツを10粒だけで、夜まで何も食べなくても大丈夫だ。ようするに、1日3食でなく、1日2・2食という食事である。

ご飯やうどんを食べていた時、あれほど「満腹」という感覚にこだわり、1日に3度、必ず食べていたのに、それらを食べなくなると、「満腹ではないが満足」という感覚が生まれてくるのだ。

ちなみに、人類はつい数百年前まで、1日2食が基本だった（日本は朝食と夕食の2食、ヨーロッパは昼食と夕食の2食）。3食になったのは、人類史ではつい最近のことだ（食事回数については後述する）。人間本来の食生活（＝糖質をほとんど摂取しない）では、1日2食が自然であり、3食腹一杯食べる食生活のほうが、むしろ不自然なのである。

5　高級和食、本格中華、イタリアンの問題

居酒屋やコンビニは「糖質制限に最適」と書いたが、これは味付けが比較的単純で、使われている食材もわかりやすいからだ。

たとえば、焼鳥屋さんで「焼き鳥は塩とタレ、どちらにしますか?」と店員に聞かれたら、

「塩で」と答えればいいし（タレには砂糖が必ず含まれている）、「じゃがバタ」なら原料がジャガイモ、「マグロの山かけ」なら山芋が使われていて、どちらも根菜類だからダメと明快だ。

また、居酒屋さんで焼き魚には甘いタレがかかっている可能性はほとんどないし、その他の料理に使われている原料もだいたい見ればわかり、メニューを見てあれこれ悩む必要もない。

難しいのは「割烹△△」「懐石○○」のような高級・本格和食店と寿司店、そして「○○楼」のような本格的中華料理店での食事だ。どちらにも、味付けの基本として砂糖が入っている食事が多いからだ。

中華料理の場合は、料理そのものが、基本的に「陰陽五行説」に基づいて設計されており、「味付けとは、複数の味を組み合わせて行なうもの」という基本ルールが最初にできたため、いろいろな調味料を使用するらしい。だから中華料理では隠し味として砂糖が頻繁に使われているようだ。そしてそれが和食の世界にも影響しているようだ。

和食には「塩を振っただけの料理」も存在するが（例：鮎の塩焼き、鯛の塩釜焼き）、本格的中華料理に塩味だけの料理が存在しないのは、「料理は複数の味を組み合わせるもの」

という原則があるためらしい。

さらに寿司屋にいたっては、高級店ほど、出てくる料理は「魚とデンプン」のみであり、それ以外の栄養素といったら、ガリか刺身のツマくらいしかない。寿司屋での食事コースといえば、最後は握り寿司と決まっているわけだが、その寿司のシャリだけ残してネタだけ食べるのは、寿司屋の店主（たいていは気難しい）に対する冒涜《ぼうとく》行為に等しく、店主に嫌な顔をされるのがオチだろう（とくにカウンターに座っていたら……）。

もちろん、私はそんなことをする勇気はないので、できるだけお寿司屋さん、とくに高級店には近づかないようにしている。

また、一般的なイタリアンのお店も鬼門だ。パスタとピザとサラダくらいしかメニューにない店があるからだ。みんながパスタをパクついているのを見ながら、１人、サラダだけを食べる勇気が、あなたにあるだろうか。まわりに嫌な顔をされるのがオチである。

だから、数人で会食をしたり宴会をする場合には、イタリアンのお店や寿司店にならないよう、十分な裏工作と根回しをしたほうがいいだろう。

ちなみに、糖質制限メニューを売り物にしている和食のお店やレストラン、中華料理店が次第に増えていて、筆者のホームページで紹介している。これらのお店では、「プロの技を込めて作った糖質制限食」が楽しめるが、プロが本気で作れば、糖質制限でもここまで本格的な料理が作れるのかと、驚嘆するはずだ。

6　角砂糖に換算してみよう

『Sugar Stacks』というサイトがある（http://www.sugarstacks.com/）。アメリカで普通に売られている食品に含まれる糖分をまとめたサイトである。

同様の試みをしているサイトは他にもあるが、この『Sugar Stacks』の秀逸なところは、それぞれの食品に含まれる糖分を、角砂糖（1個4グラム）に換算して、角砂糖の量として糖分量を視覚化している点にある。

たとえば、コーラの代名詞とも言うべき超有名商品には、355mlで39グラム、590ml（＝20オンス）で65グラム、1リットルでは108グラムの糖分が含まれ、それぞれ角砂糖に換算すると、約10個、約17個、約27個となる。

同様に、清涼飲料水として有名な某商品は、590mlで77グラム（約20個）、エナジードリンクの某商品は250mlで27グラム（約7個）である。

各商品の前に積み重ねられている角砂糖の量にびっくりするはずだ。「590mlで65グラムの砂糖が含まれている」と言われてもピンとこないが、「590mlで約17個の角砂糖が含まれている」と言われれば、誰でもそれが尋常ではない量だということがわかる。

ようするに、コーラ590mlを一気飲みするのは角砂糖約17個を一気食いするのと同じである。角砂糖約17個を一気にむさぼり食えば、血糖が急上昇するのはあたりまえである。

まさに砂糖の塊、砂糖漬け飲料である。

以上はアメリカの飲料水であるが、日本の製品はどうなのだろうか。

もちろん、ジュース、缶コーヒーなど、どれもかなりの量の糖分を含んでいるが、案外盲点なのが、スポーツドリンクと呼ばれている商品である。

たとえば、スポーツドリンクの代表であり、「スポーツで汗をかいたあとのイオン補給」という概念を普及させた某有名ドリンクには、500ml中33・5グラム、「スポーツ後のアミノ酸補給」といううたい文句で有名な某ドリンクには、500ml中32・5グラムの糖分が含まれている。つまり、大きめの角砂糖8個分を超える量である。

糖分が少なめのスポーツドリンクにしても、500ml中23グラム、つまり角砂糖6個弱だ（ちなみに、これらの糖分の少ない商品には、人工甘味料が加えられていて、甘みを調整しているようだ)。

５００㎖のペットボトルに角砂糖８個超が入っている様子を想像して欲しい。私などは想像するだけで胸焼けしてしまう。

だがここで疑問を持たないだろうか。じっさいのスポーツドリンクはそれほど甘くなく、むしろ、酸味や塩味の印象が強いからだ。いったいどういうことだろうか。

これは、スポーツドリンクを自作してみればわかる。

たとえば、５００㎖の水に33グラム（角砂糖８個超）の砂糖を溶かし、飲んでみて欲しい。おそらく、甘ったるくて飲めた代物ではないはずだ。

しかし、この砂糖水に、ちょっとレモンの絞り汁を加えると、甘味が押さえられ、飲みやすくなる。そしてさらに少量の食塩を加えると、それはただちに、「いつも飲んでいるスポーツドリンクの味」に変身する。

さらにそれを冷やせばとても飲みやすくなり、５００㎖くらいなら、一気に飲めるようになる。ようするに、砂糖の甘さは、少量の酸味と塩味と温度で目隠しされてしまうものらしい。

この、飲料水中の糖分を角砂糖に換算する手法は、他の食品の炭水化物の量にも使える。

たとえば、６枚切りの食パン１枚には炭水化物30グラム、白米飯１膳・素うどん１玉には

55グラムの炭水化物が含まれ、それぞれを角砂糖に換算すると、約8個、約14個となり、これもかなり強烈な量である。

もちろん、これらの炭水化物には食物繊維（人間には消化できない炭水化物であり、血糖は上昇させない）も含まれていて、食パンでは重量の14%、素うどんでは10%が食物繊維であるが、これらを差し引いても、かなりの量の糖質であることには間違いない。

いずれにしても、「この食品の糖質は角砂糖何個分なのか?」という置換は、視覚に訴える力が強いので、人に糖質制限を紹介する際には強力な説得材料になるはずだ。

「今、あなたが食べている食パン1枚は、角砂糖8個分なんだよ」と言われたら、よほどの変人でないかぎり、食パンを食べる手を止めるはずだ。

7　唐揚げ、フライは食べても大丈夫?

私の経験からすると、糖質制限をするなら、あまり生真面目、ストイックに考えないほうが長続きするし、「なんちゃって糖質制限」程度でも、それなりに効果が目に見える形で現れることが多い。

優等生タイプの人ほど、「この食品には糖質が何％含まれているのか？」と食品交換表と首っ引きで電卓で計算したりするが、糖尿病患者でない一般人は、そこまで突き詰める必要はないと思う。それに、糖質制限が軌道に乗ってしまうと、その食品に糖質が入っているかどうかは体が教えてくれるのだ。前述の「糖質センサー」である。

たとえば、魚肉ソーセージやチーズかまぼこに、どのくらいデンプンが含まれているか疑問に思ったら、食品交換表を見るより、とりあえず食べてみるほうが手っ取り早い。食べた直後に「変な重ったるい感じ」があったら、まず間違いなく、相当量のデンプンが含まれている。糖質制限に体が慣れてくると、口に入れて噛んだだけで、「何となく糖質が多そうだな」という山勘《やまかん》というか、糖質センサーが働くようになってくるものだ。

同様の理由で、唐揚げやフライの衣に含まれる糖質は、問題になるほどの量ではないことがわかる。さすがに衣が分厚い天ぷらやフライをたくさん食べると、「センサー」が作動して警告音が聞こえるが、フライドチキンや唐揚げ（これらはもともと衣が厚くない）では、私の場合、警告音は小さく聞こえるだけなので、とりあえず安全な食品として認知している。

8　糖質オフのアルコール飲料

糖質ゼロのビールも数が増えてきて、味もかなりビールに近づいていて、その創意工夫には、頭が下がる思いだ。

そして、糖質ゼロをうたい文句にした缶酎ハイも続々と増えている。これらはそれなりに甘いが、その甘みは血糖を上げない人工甘味料によるもので、砂糖の甘さとはまるで違うものらしいいし、じっさいに摂取しても、「糖質特有の重ったるい甘さ」とは別物であり、糖質摂取時に見られる症状は出現しない。

だが、一つ注文をつけるとすると、もう少し甘みを減らしてくれないかなと思う。

現時点では、甘みがほとんどゼロの「糖質ゼロ缶酎ハイ」は数種類販売されているが、それ以外は、人工甘味料とはいえ、甘すぎるのだ。

これはおそらく、これらの缶酎ハイの作り手側が、「酎ハイとは甘いものだ」という先入観を前提に、糖質ゼロ缶酎ハイの味を決めたからではないかと思う。砂糖で甘みをつけた缶酎ハイの味に似せようとするから、このような甘さになったのではないだろうか。

糖質ゼロ缶酎ハイの味を決めるのは、じっさいに糖質制限をしている人間でなければならないはずだ。砂糖・デンプンをまったくとらなくなった人間の味覚を基準に、味を設定すべきだと思う。

糖質制限人間には、あれほどの甘みは不要である。

9　糖質制限とエンゲル係数

糖質制限を本格的に始めると、まず最初に直面するのが、「エンゲル係数」の増加、つまり食費がかかるという問題だろう。

何しろ、米も小麦製品も、値段が安いのだ。安くてお腹一杯食べられ、金をかけずにお腹をふくらませることができ、満腹感を与えてくれるのが炭水化物なのだ。まさに懐がさびしい人の強い味方である。

これは、世の中の大盛りのお店のご飯やラーメンの量、カップ麺の値段と麺の量を見ればわかる。

同様に、お代わり自由のお店は、判で押したように「ご飯のお代わりが自由」だ。米や麺類が安いからこその「お代わり自由」なのだ。

ところが糖質制限は、その「安くて腹一杯食える炭水化物」を食べない食事法だ。となると必然的に、食事から炭水化物（糖質）を減らした分を、何かで補う必要がある（実際には後述するようにそれほど補わなくてもいいのだが）。その「何か」とは、タンパク質と脂質以外に候補がない。

ところが、タンパク質も脂質も、炭水化物より値段が高いのだ。これではエンゲル係数が上がるのはあたりまえだ。じっさい、どんぶり飯の分のカロリーを、豚肉や牛肉で補おうとすると、ちょっとした値段になるはずだ。

ちなみに、米の値段（米価）が安いのは、米の消費量以上に米が生産されているからだ。日本人１人あたりの米の消費量は、１９６２年がピークで１１８キロだったが、２０１０年には58キロ以下となっていて、この50年で半分に減っていることがわかる。

一方、米の総生産量は、１９６７年の１４４５万トンをピークに次第に減少し、２００９年には８４７万トンとなっていて、50年前の約60％である。

つまり、生産量も減ったが、それ以上に消費量が減少したため、米が市場で余っていて、低価格にしないと売れないという状況らしい。

その米を食べなくなるのだから、糖質制限をするとエンゲル係数が上がるのは避けられないと考えるのが当然だ。

ところが、実際に糖質制限をしてみるとわかるが、開始と同時に一時的にはエンゲル係数は上がるものの、糖質制限に体が慣れてくると、エンゲル係数は次第に減少していくようだ。

その理由は次の3つだ。

第一に、豆腐などの値段の安い大豆製品がご飯代わりになる。じっさい、カレーライスのご飯代わりにしている人もいるし、某牛丼チェーンでは、ご飯の代わりに豆腐を使った牛丼が正式メニューになっているくらいだ。

第二に、糖質制限をすると、それほど「量」を食べなくても満足するようになる。糖質制限を実際にしている人の間では「1日2食」にしている人が多いし、厳密に糖質摂取量をゼロにしている人には「1日1食」の人も珍しくない。空腹感がないため、それ以上食べる必要がないのだ。

しかも、一食分の食事の量は、ご飯を食べていたころより明らかに減少する。米やラーメンを食べていたころは、「一人前の食事を食べ切らないといけない」と無意識に考えてしまい、必要以上に食べてしまっていたが、糖質制限すると、「満腹ではないが満足」という感じになり、満腹まで食べる習慣がなくなり、結果的に食事量は減少する。

第三に、「減らした糖質のカロリーを肉で補わないといけない」という考え自体の間違いである。後述するように、「食べ物のカロリー数」という概念そのものが間違っていて、摂取した食べ物に含まれる栄養素やカロリー数と、食べ物から得られる栄養素とカロリー数は、じつはまったく無関係だからだ。これについては後ほど詳しく説明する。

Ⅳ　糖質セイゲニスト、かく語りき

私が主宰しているインターネットサイト（『新しい創傷治療』 http://www.wound-treatment.jp/）で糖質制限についての記事を最初に書いたのは、２０１１年12月初めだった。

そして、それを読んだ読者の方たちが、興味を持って糖質制限に挑戦し、２０１２年１月下旬ごろから「私も糖質制限をしてみました」というメールをいただくようになり、同年２月からは毎日のように「体験記」が舞い込むようになった。

この章では、そうした「糖質セイゲニスト」の驚きと喜びのメールを紹介しようと思う。

◇嬉しかったのは29年前の思い出の服が着られたことです。当時、家庭教師をしていた家がテーラーで、私の卒業記念にとても高価な服地でスーツを作ってくれました。しかし、その服が着られたのはわずか数年で、あとはタンスの肥やしと化しました。その服を25年ぶりくらいに着ることができました。服に袖《そで》を通すと当時のいろいろなことが思い出され、涙が出そうになりました。(50代、医師)

◇困ったことに昨シーズンの服が着られなくなってしまいました。何の気なしに服売り場で試着したらウエストが10cm以上縮まっていました。(女性)

◇糖質制限食のよいところは、我慢せずに痩せるのが面白いですね。それと、なんといっても身体の爽快感です。身体が20歳くらい若返った感じと、精神的に積極的になれます。寒い冬でしたがバイクの走行距離がぐんぐん延びました。(60代、男性)

◇父は50代でインスリン注射をするようになり、以後20年間、真面目に食事制限をし、お酒もたばこも甘いものも一切口にせず、肉もほとんど食べず、厳格なカロリー制限を頑張ってきました。ところがまったく症状は改善せず、ただただ定期的に病院に行って検査して薬をもらう生活を続けていました。

それが糖質制限食を始めてみたら、みるみるうちに数値は改善！　インスリン量が減り不調も改善しました。それまでは、糖尿病の食事制限のために痩せ細り、あばらが浮き出て、骨と皮のような状態でしたが、体重が増加してきました。また髪の毛が太く多くなってきました。

◇80代の糖尿病患者さんに糖質制限の指導を行なったところ、体重が20キロ減り糖尿病の内服薬が不要になりました。さらに喘息《ぜんそく》と心不全で在宅酸素療法を施行していたのですが、それも不要となりました。（40代、内科医）

◇一番、嬉しかったのは肌の調子がよくなったことです。それまでは吹き出物ができて顔の皮膚のデコボコに悩んでいましたが、糖質制限以後はデコボコがすっかり消えてツルツルの肌になりました。（20代、女性、薬剤師）

◇糖質制限してから、主人が長年悩まされていた「頭皮湿疹」や「胸や背中のニキビ」が治りました。先日、外食した際、鍋料理のシメにうどんが出てきまして、量も多くないので食べたそうですが、その日の夜から「頭皮がかゆい、胸や背中がかゆい」と言い出しました。実際、胸や背中のニキビが赤くなっていました。翌日から糖質制限食に戻してすぐに治りましたが、これには驚きました。ということは、ニキビに悩む中学生には糖質制限が効くかも……ってこと？

◇最近、抜け毛が増えて髪がとてもパサついて気分がヘコんでいたのに、糖質制限を始めたら突然、艶々《つやつや》になって張りが出てきたんですよ！　ありえないです。体重減よりこっちのほうが嬉しいです。（主婦）

◇糖質制限を始めてから花粉症が軽くなりました。また、ちらほら発生していた白髪もほぼなくなっています。

◇農家の嫁ですが、農業をしている家族は糖質制限を理解できないようです。みな、「米を食べなきゃ農作業はできない、力が出ない」と思っていて、お腹がすくからと仕事の合い間のおやつはあたりまえで、チョコレートやせんべい、甘いドリンクを飲んでいます。そして、軽い仕事をしても疲れたといって眠ってばかり。起きているのは糖質制限をしている私だけです。眠い、疲れやすいは糖質過剰のせいとしか考えられません。（主婦）

◇プチ糖質制限2カ月半で更年期障害特有の頭のモヤモヤ、ほてり、イライラ、その他の不定愁訴《しゅうそ》から解放されて、快適な日々を送っております。（50代、女性）

◇6年ほど前より抑うつ状態で抗うつ剤と睡眠薬を服用していましたが、糖質制限開始後は気分が安定したため薬は不要になり、昼間の不快な眠気とも別れを告げることができました。（看護師）

◇妻は桶谷式母乳育児の推奨食事メニューで、ご飯は1食2膳×3回で、野菜、海草類、大豆など中心の食生活でしたが、妻の体調は悪くいろいろ大変でした。しかし、妻も糖質制限食にしてから問題がほとんど解決しました。桶谷式以外にも授乳時の推奨食事はいろいろあるようですが、通常よりも糖質が多いものが多いようで、それらが産後うつ病の主因であるように思えてなりません。（30代、男性）

◇寝る前にプラークテスターを用いて徹底的に歯垢《しこう》を落とし、その後、①チョコレートを食べて歯磨きをせずに寝る、②ゆでたまごを食べて歯磨きをせずに寝る、の2種類を比べてみたら、チョコレートを食べたほうが明らかに翌朝の歯垢の量が多いです。歯磨きの習慣がなかったであろう、はるか太古の人間が、日常的にチョコレートを食べていたら、寿命が尽きる前に歯の寿命が尽きて大変なことになっていたでしょうね。もしかすると歯の生え変わりが人生に1回しかないことは、もともと人間が糖質をそれほどとってこなかったことの傍証《ぼうしょう》かもしれません。すなわち（当時の）人生の中盤で歯を1度だけ入れ替えれば寿命まで使える、という前提でDNAが構築されているということではないかと思います。（男性）

◇最近の歯科界では歯周病と糖尿病を関連づけるのが一つのトピックとなっております。

しかし、糖尿病は歯周病の原因でなく、どちらも糖質食を始めた結果なんじゃないでしょうか。だったらそもそもの原因を取り除けばいいんじゃないかと思います。（歯科医）

◇ここ数年、中学生の息子は朝は起こしても起きない、やっと起きてもとてもだるそうで食欲もなく、毎朝機嫌が悪い状態が続いていましたが、「まぁ、中学生男子なんてこんなもの」と半ば諦《あきら》めていました。それが息子も糖質制限にしてからというもの、人が変わったかのようです。起こさなくても自分から起きてきてテキパキと準備をし、しっかりと朝食をとり、朝からご機嫌です。部活動（卓球部）をこなし夕方帰宅するまでそれほどお腹が空《す》くこともないようです。成績表の所見欄には複数の先生から「関心が高い」「根気よく丁寧」「前向きな学習態度」といった、今まで見たこともないようなコメントをいただきました。あとは成績がメキメキと上がるのを待つばかりです。（主婦）

◇黒帯空手家です。これまでは、試合に勝つために体重を増やす必要があり、ご飯、麺、パンやプロテインをたくさん食べる毎日でした。しかし、歳《とし》のためか次第にお腹ポッコリになってきました。格闘技の指導者がこの体型では格好悪いと思い、糖質制限を始めました。糖質制限開始2週間でベルトの穴が1～2個サイズダウンしました。空手の稽古の最後に20分間のスパーリングがありますが、なんとスタミナ切れがなくなりました。(40代、男性)

◇糖質制限食でウルトラマラソン（100キロマラソン）に初挑戦し、完走できました。前日も食事は糖質オフで野菜と肉類だけにしました。当日朝も納豆、たまご、ヨーグルトのみで走り始めました。感想としては以前、マラソンの時にやっていた、走る前の大量の炭水化物摂取をしていたころよりもバテにくかったように思います。(30代、医師)

◇糖質制限開始後、フルマラソン、ウルトラマラソンとも自己ベストを更新できました。糖質制限に変えてから明らかに変化を自覚できた点としては、「体重コントロールが非常に楽」「燃費がよくなった」などです。確かにグリコーゲンローディング（※注……運動エネルギーとなるグリコーゲンを通常より多く体に貯蔵するための運動量の調節及び栄養摂取法）を行なうことで、筋肉などに蓄えられるグリコーゲンの量は一時的には増やせるようですが、それがスタミナUPには結びつかないと思います。

◇58歳でダイエットのためにスロージョギングを始めて2年半、糖質制限導入後8カ月、さらにFat Burningの体ができてきたのか、最近は疲れにくく、ペースも上がってきています。スピードランの後の筋肉痛も少なく、ロングラン後も疲れが残らずとても快適に走れるようになっています。

◇先日、1泊2日の三重〜東京間ドライブ（約1000km）をしました。昨年は食後の眠気と格闘しながらの疲労困憊《こんぱい》ドライブでしたが、今年はナッツ類・ノンシュガーガム・ブラックコーヒーを口にしつつ運転しましたが、助手席の妻が不審がるほどの疲れ知らずで、眠気ともまったく無縁でした。長距離ドライバーは是非、糖質制限して欲しいです。（男性、救急救命士）

◇私は毎日お酒を飲むので、つねにγ《ガンマ》-GTPは高値、一時はGOT、GPTの3つとも100を超えたことがありました。ところが、糖質制限を始めてからは体調がいいので、むしろ酒量は増えたくらいなのに、3つとも30以下になりました。（40代、医師）

◇糖質制限をしていますが、「あえて炭水化物を大量に摂取する1日」にしてみました。翌日の状況ですが、どっと疲れてますね。ぱっと起きられないし、起床した後も眠いし、身体を動かそうという気にならないですね。肩凝りもひどい。これは酒と一緒のような感じですね。炭水化物って「主食」ではなくて「嗜好品《しこう》」という位置づけで考えればいいようです。(40代、男性)

◇震災直後の様子を仙台の友人からいろいろ聞きました。糖質制限を始めて思い出したことがあります。3月11日から1週間は、輸送ルートがほぼ断たれていたので、その間、白米とふりかけで生活していたそうで、みんな「あの時は太ったよね」とこぼしていました。その時は、他に食べるものがないから食べすぎていたんだろう、と思いましたが、糖質過剰だから太ったんですね。

◇肥満関連腎症の患者さんが数値の悪化で入院となりました。偶然にも私が自分で糖質制限を始めた時期で、腎機能が悪化すればすぐわかるので、患者さんと相談の上、「高タンパク・高脂質・糖質ゼロ」の食事にしました。もちろん「塩分制限・低タンパク・高カロリー」が常識の腎不全の食事療法とはほぼ反対に近い食事です。その結果、体重は10kg減、タンパク尿6分の1に低下、血圧も下がって血液検査データも正常化しました。食事から食べるタンパクを多くしたのにタンパク尿が減るのですから、いかに肥満が腎臓に悪いのかよくわかりました。そしてなにより、患者さんが笑顔なのが一番嬉しいです。腎不全の食事療法は味気ないですから。（腎臓内科医師）

◇いずれ、糖尿病性腎不全で透析を余儀なくされた患者さんたちの集団訴訟もありえるんじゃないでしょうか。「確実に治る方法があるとわかっていたのに、昔ながらの治療を押し付けたことで患者の健康を損ない、人工透析患者にした」という理由です。人工透析は1人あたり年間４００万～５００万円ほどの費用がかかるという非常に大きな問題があります。１人の患者さんの透析導入が1年遅くなることで、数百万の医療費が節約できるわけです。（40代、内科医）

◇スーパー糖質制限を行なっておりますが、困るのはやはり昼食ですね。大学生協売店の弁当は男子学生向けのご飯てんこもり、もしくは女子学生向けの低カロリー低脂肪・低タンパクがメイン。生協売店は学生が好むスナックや甘いお菓子、甘いジュースやアイスクリーム、フライドポテトなどの軽食が多く、チーズ、ナッツ、豆腐、小魚は敬遠されるためか置いてはいません。保健管理センターにやってくる学生のなかには極端に体が冷えている月経困難、カロリー制限しても痩せない肥満、かぜをくりかえし疲労困憊しているケースに出会うことがしばしばあります。食生活を聞いてみると「値段の安いご飯などの炭水化物やファストフード、大学近くの学生向けの飲食店のご飯食べ放題でお腹を満たしている」「菓子パンや、和洋菓子を食事がわりにしている（女子学生に多い）」という学生ばかりです。限られた仕送りとバイト代で経済的に余裕があるわけではないとはいえ、乱れた食生活を送っている学生たちが将来日本を支えていくとなると、少々不安に思う時があります。（大学の保健管理センター看護師）

V　糖質制限すると見えてくるもの

（1）糖質は栄養素なのか？

1　糖質を食べると眠くなる

これは私も糖質制限を始めるまで気がつかなかったことなのだが、主食（米、パン、うどんなど）を食べると、1時間弱で確実に、強烈な眠気が襲ってくる。

それまでは、「食べたら眠くなるのはあたりまえ」と考えて気にも留めなかったのだが、しばらく糖質を含まないものだけ食べている状況で、いきなりパンなどを食べると、そのあと猛烈に眠気が襲ってきて、いつの間にか眠りこけている——ということに気づいたのだ。

この眠気の原因については、「糖質食により血糖値が上がり、それに応じてインスリンが分泌され、今度はその働きによって低血糖になるため」と説明されているようである。だから、逆に糖質を摂取しなくなると血糖値が上がらず、インスリンも分泌されないので、眠気に襲われることもない、というメカニズムのようだ。

このことについて、知人の医師が面白い人体実験(?)をしている。

家族でドライブに出かけた時、中学生の息子さんには、ご飯・パン抜きで肉やソーセージ、野菜を好きなだけ食べさせ、一方、奥様は普通にご飯付きの定食を食べさせたそうだ。食後に車に乗り込んだところ、普段ならドアを閉めるやいなや寝てしまう息子さんが、まったく眠らずにずっと喋《しやべ》っていて、逆に奥様はすぐに寝てしまったそうだ。

さて、日中に眠らなくなるとどうなるか。その反動で、夜はベッドに入るとあっという間に「眠りの森のオッサン」である。いわゆる「寝付きがいい」といわれる状態だ。そして、夢を見ることもなく朝になると自然に目が覚め、目が覚めたとたんに体が活動モードに入っている。

つまり私の場合、糖質制限を始めてから、夜は十分に熟睡できるようになったため、睡眠時間はむしろ短くなった感じである（もちろん、歳を取ったせいもあるのかもしれないが……）。

糖質制限により日中の居眠りタイムがなくなり、夜はすぐに熟睡し、朝になるとぱっと目が覚める生活になったわけで、必然的に活動時間が長くなる。職場でも通勤電車でも、新幹線や飛行機のなかでも、ずっと居眠りせずに起きているのだから、その時間を読書にあてたり、趣味のピアノを弾いたり、仕事に使えるようになったのだ。「1日24時間」から「1日26時間」くらいに増えたような感覚である。

これと同様の変化が中学生に起こるとどうなるだろうか、というのが前章で紹介したメールだ。

「中学生の息子に糖質制限食を食べさせるようにしたら、朝、自分から起きるようになり、学校でも居眠りしなくなった」「糖質制限を始めてから、息子が夕食後に、何も言わなくても自分から宿題をするようになった」というのだ。

「朝起こしても起きない／起きても不機嫌／授業中に居眠りばかり／夕食を食べるとすぐに

寝てしまう」中学生は多いと思うが、それはじつは「中学生だから」ではなく、「糖質をがっつり食べさせているから」かもしれない。米やパンやうどんたっぷりの食事は、子どもの勉強時間を奪い、集中力を奪っている可能性が高いのだ。

ようするに、成績を悪くしている主犯は、「主食をたっぷり食べる」食習慣であり、「うちの子どもはアタマが悪い」のでなく「米とパンとうどんとお菓子とジュースがアタマを悪くした」のだ。

さらに、「糖質を食べると眠くなる/糖質を食べなければ眠くならない」ということを利用すれば、睡眠障害の治療に役立つ可能性が高い。

長年睡眠障害をわずらっていたという方から、それまで入眠剤（いわゆる睡眠薬）が手放せなかったのに、糖質制限をしてからは、それなしに眠れるようになったというメールが複数舞い込んでいるからだ。どの人も、「食後の眠気がなくなり、昼寝をしなくなった分、夜になるとぱたりと寝てしまいます」という変化を体験されているようだ。

睡眠障害の原因はさまざまだろうが、その原因の一つが糖質食である可能性は否定できないし、むしろ可能性は高いと思う。睡眠障害に悩んでいらっしゃる方はとりあえず、「主食を食べないだけで睡眠障害が治るのなら、やってみようか」程度の軽いノリで、糖質制限を始めてみるのも悪くないと思う。

同様に、糖質制限を始めてから抑うつ症状がなくなって、抗うつ剤が不要になったという人も少なくない。じっさい、患者に糖質制限を勧めてみたら症状が改善した、という連絡も複数の精神科の先生からいただいている。

さらに、糖質を食べると食後に眠くなることが普遍的な現象であれば、居眠り運転の原因の一つが糖質過剰摂取である可能性も浮かんでくる。

ご存じのように、ドライブインや高速道路のサービスエリアは、最近、食事に力を入れている。とくに、地元の名産や名物料理を組み合わせた食事を目玉にしているサービスエリアも多く、ニュースやバラエティ番組で取り上げられることもあるようだ。

だがそのメニューを見ると、定食や丼物、そしてラーメンなどの麺類がほとんどであり、いずれもかなりの糖質過多食だ。これはどう考えても、食後の血糖を急上昇させて「居眠りを誘発させる食事」である。このような食事を提供しておいて「居眠り運転をするな」というのは土台無理な話ではないだろうか。

いずれにしても、炭水化物主体の食事をするようになったばかりに、人間は食後の眠気に襲われる生活をするはめになったのだ。私たちは米やうどんやパンに、貴重な時間を奪われてきたのだ。糖質たっぷりの食事が主食であると頭から信じ込んできたばかりに、無為《むい》な時間を過ごしてきたのだ。

そして、糖質を食べると眠くなるという現象が、本来の人類は糖質を摂取していなかったことを証明している。初期人類が糖質を食べて眠りこけていたら、肉食動物のエサでしかないからだ。それこそ、ネギと調味料を背負った鴨が勝手に鍋にダイブし、自分でコンロの火を点《つ》けているようなもので、そんなマヌケな動物はすぐに絶滅するしかない。

2 「甘くない」デンプンの罠

［素うどん1玉］＝［角砂糖約14個］という数字を前に紹介した。しかし、角砂糖14個はとても食べられるものではないが、うどん1玉なら一気に食べられるし、多くの男性にとっては、1玉のうどんではとても足りず、2玉、3玉と食べる人も珍しくないはずだ。

同様に、14個の角砂糖がお茶碗に盛られているのを見たら、私は胸焼けしてしまうが、お茶碗1杯のご飯を見て胸焼けはしない。

ようするに、砂糖は大量に食べられないが、同じ量の糖質を含んでいるデンプンなら、いとも簡単に食べられるのだ。

理由はいうまでもないだろう。デンプンは食べやすいからだ。デンプンをよく噛めば、唾液のアミラーゼがそれを分解してブドウ糖に変化させ、ほんのり甘くなるが、その甘さは砂糖に比べれば、「そういわれれば甘いかな?」程度であり、今日の私たちの味覚からすると、パンもうどんもご飯も、むしろ「甘みのない食べ物」の部類だろう(だからこそ、パンに甘いジャムをつけて食べる習慣が生まれたわけだ)。

そして炭水化物は、食べ続けても飽きがこない不思議な魅力があり、おかずの味付けによって変化を付ければ、いくらでも食べられる。

だが、「ほとんど甘くない」のは口のなかでだけであり、消化管を通過していく過程で分解されることで、デンプンはブドウ糖に変化して吸収され、「甘い食べ物」に変身する。口のなかでは甘くないが、体内で甘い糖分に豹変《ひょうへん》し、血糖を急上昇させるのだ。

これぞ、ヒツジの皮をかぶったオオカミならぬ、デンプンの衣をかぶったブドウ糖であり、トロイの木馬だ。

これが砂糖だったら、その強烈な甘さから、「甘くて美味しいけれど、何となく体に悪いかも」という意識が頭に浮かぶこともあるが、パンもご飯もうどんも、それ自体は甘くないため、「砂糖のように体に悪いかも」という発想は、絶対に頭に浮かばないと思う。これがデンプンの怖さ、穀物の怖さである。

このデンプンのみがもつ魔力、まさにそれは、人類にとって「魔味《まみ》」となった。

3　炭水化物は必須栄養素なのか

現在の栄養学の教科書を見ると、「糖質（炭水化物）、タンパク質、脂質が三大栄養素」であり、「生活習慣病を予防するためには、脂質の比率を25〜30％以下に抑えるべき」「炭水化物は60％前後と、もっとも多く必要」「炭水化物：タンパク質：脂質の比率は３：１：１が望ましい」というようなことが書かれている。

このような記述は、どの栄養学の教科書にも必ず書かれているので、栄養学という学問のいわばセントラル・ドグマであり、これを土台にして栄養学という学問体系が作られていることがわかる。

ようするに、ユークリッド幾何学における10の公準、ユダヤ教におけるモーゼの十戒、電磁気学におけるマックスウェルの公式、フランス料理におけるエスコフィエのレシピみたいなものだ。

また、栄養学の教科書のこのような記述からは、三大栄養素のなかでもっとも重視されているのは、タンパク質でも脂質でもなく、炭水化物であることがわかる。何しろ、その最低量は、タンパク質＋脂質の合計量を凌駕《りようが》しているのだ。これはもう、「キング・オブ・必須栄養素」であり、特別扱いである。

しかし、糖質制限の存在を知り、それを自分の体で実践するにつれ、この「三大栄養素」の概念がそもそも間違っているのではないか、という疑問が浮かんでくる。

糖質制限をしてみるとわかるが、糖質を摂取しなくても人間は普通に生活できるし、それどころか、肥満も糖尿病も高血圧も高脂血症も治ってしまい、スタミナが付き、どんどん健康になっていくからだ。少なくとも私が知るかぎり、糖質制限に切り替えた健康人で不健康になった人は1人もいない。

これは生物学的にも証明できる。

人間の生存に欠くことができない必須脂肪酸と必須アミノ酸に関しては、食事で外部から取り入れるしか方法がないが、炭水化物に関しては、アミノ酸を材料にブドウ糖を合成する「糖新生《とうしんせい》」というシステムが人間には備わっていて、タンパク質さえあれば自分で作り出せるからだ。

ようするに、必須脂肪酸や必須アミノ酸のように、「人間が体内で生合成できないから、いやでも外部から取り込むしかない」という意味での「必須炭水化物」は存在しないのである。つまり、「必須栄養素としての炭水化物」を大前提に理論体系が組み立てられている栄養学という学問体系自体が、砂上《さじょう》の楼閣《ろうかく》なのである。

大昔に提唱された理論を疑いもせずに妄信し、それがあたかも自明の理か神の預言であるかのように崇《あが》め奉《たてまつ》っているほうが、学問のあり方としておかしいのだ。

自然科学において、もっとも大切なことは、自らが拠《よ》って立つ大前提についても、「じつは仮説ではないのか？　じつは間違っている可能性はないか？」という不断の問いかけをすることだ。真に科学的であろうとするなら、その理論体系（学問）のもっとも根底にある部分にこそ、もっとも厳しい目を向けるべきなのだ。それを忘れた時、科学は科学でなくなるのだ。

ではなぜ、こんなことになってしまったのだろうか。

理由はおそらく、食物とは「カロリー」であり、すべての食物はカロリーに換算して摂取量を決めるべきだ、というカロリー神話を最初にベースに据《す》えてしまったからだろう。このカロリー神話については、後ほど詳しく取り上げることにする。

また、これとは別に、「昔から食べてきたものを食べるのが正しい食生活である」という考えや、「その土地で採れるものを食べるべきだ。そこで暮らす人間はその土地で採れるものを消化するように進化してきたのだ」という考え方を提唱する人も多く、たとえば書店の健康コーナーには、「日本古来の食事である玄米を食べれば病気知らず」というような本がいくつも並んでいる。

一見まともなようだが、この考えもおかしい。「日本古来」の「古来」とは、いつの時点を指し、なぜその時点を「古来」としたかの根拠が書かれていないからだ。

たとえば、「古来」を縄文時代中期以前にすれば、日本列島に栽培種のイネはまだ一本も生えていないし、その時代に生きていた日本人は玄米は食べていない。

また、日本各地でイネが栽培されるようになってからも、日本人は玄米だけ食べていたわけではない。他項で説明するように、日本人にとってイネは「聖なる植物」の一つとして信仰の対象であったが、毎日豊富に食べられる食材ではなかったのだ。

江戸時代になっても、日本人の8割を占めていた農民層にとっては、米は年貢として納めるものであって、彼らの日常の食事は、雑穀と芋、野菜を混ぜて煮たものだったからだ。

また、日本各地の畑で栽培されている野菜についても、日本の固有種となると極めて少なく、大多数は海外から渡来したものであり、日本古来の野菜といえば、ヤマノイモ、ウド、フキなどしかない。日本の国土に昔から生えていたものを食べよう、というのは、考え方としては面白いが、これは日本の自然史と歴史を無視した暴論である。

このように、「食と栄養」に関しては、大昔からの理論が無批判に受け継がれていたり、食物に対する信仰が無意識のうちに栄養学の理論に組み込まれたりしているのだ。その結果、「食の科学」と宗教が渾然《こんぜん》一体となり、何が科学的に正しい考え方なのかが見えにくくなってしまっているのだろう。

糖質制限に対する無理解や誹謗《ひぼう》中傷が絶えないのも、現在の栄養学（食の科学）が、じつは科学から程遠いところで成立しているからなのだ。糞味噌《くそみそ》という言葉があるが、糞をベースに組み立ててしまった学問には、味噌が糞に見えるものらしい。

4　糖質は嗜好品だ

では、人間にとって糖質とは何なのだろうか。

必須栄養素ではなく、摂取しなくても問題はなく、かえって摂取することによりさまざまなトラブルを起こしているだけの存在だ。

一方で、糖質制限の話をすると、きまって「ご飯が食べられない人生なんて考えられない」「甘い物が食べられないなら死んだほうがマシ」と猛烈に反発する人がいるし、さまざまな理屈をこねて「糖質を食べることの意義」を見つけようとする人もいる。そのような人にとっては、糖質を食べるという行為そのものに愛着があるように見える。

これは何かに似ていないだろうか。

このような反応を示す物を、我々は「嗜好品《しこう》」と呼んでいる。

嗜好品とは、摂取時の味覚や刺激を楽しむために、食べたり飲んだりする飲食物や喫煙物のことを言い、一般的に次のような特性を持っているとされる。

◇普通の意味での飲食物ではない（↓栄養・エネルギー源として期待されていない）
◇普通の意味での薬ではない（↓病気に対する治療効果はない）
◇精神的な効果がある
◇ないと寂しい感じする

たとえば、コーヒーは飲んで栄養になるわけでもなければ、薬になるわけでもない。しかし、独特の香りと苦みは精神をシャキッとさせ、気分をリフレッシュさせる。そして1杯飲んだあと、もう1杯飲みたくなる。コーヒーを取り巻く全体的な雰囲気も、人々を魅了してやまない。

これはタバコや酒も同じだ。タバコを吸ったり酒を飲んでも栄養にも薬にもならないが、それらがもたらす刺激や酩酊《めいてい》感は他の物では代用できず、1度体験すると、くりかえし味わいたくなり、一部の人間はそれなしでは暮らせなくなって中毒になり、最後は依存状態になって抜け出せなくなるくらいだ。

つまり、嗜好品の世界をちょっと踏み越えると、中毒症状や依存状態が待っており、それはコカインやヘロインなどの麻薬、覚醒剤、脱法ドラッグの世界に連なっているのだ。

これらの嗜好品は、摂取しすぎると体に毒になるという点でも共通している。

たとえば、1日5杯くらい飲んでも平気なコーヒーでも、80杯を一気飲みするとカフェインの致死量に達すると言われている。これは酒もタバコも同じだ。

そのような観点から糖質を見直してみると、糖質が、前述の「嗜好品の4条件」をほぼ満たしていることがわかるはずだ。

◇食べなくても生きていける（→栄養・エネルギー源ではない）
◇薬ではない
◇食べると精神的な満足感、幸福感が得られる
◇食べられないとわかると寂しい感じがする

さて、あなたはタバコを吸いたいだろうか、吸いたくないだろうか？

吸いたいと答えた人は、普段から喫煙している人だろう。逆に非喫煙者は、タバコを吸いたいと思わないはずだ。つまり、喫煙の習慣がある人だけが喫煙したがり、そうでない人は喫煙したいと思わない。タバコの魅力の虜《とりこ》になった人だけが、タバコを吸いたくなるのだ。

これはコーヒーでも同様だろう。コーヒーを飲みたいと考える人は、普段からコーヒーを飲んでいる人だ。一方、コーヒーをまったく飲んだことがない人やコーヒーが嫌いな人は、そもそもコーヒーを飲もうとは思わない。

タバコを吸っている人は、タバコを吸わないでいるとイライラして、タバコが吸いたくな

るらしい。いわゆるニコチン切れである。ニコチン切れとは、タバコに含まれるニコチンが体内に入り、その濃度が低下した時に起こると考えられている。

「ニコチン濃度の上昇→低下」がニコチン切れの原因だから、ニコチン切れの症状は喫煙者にしか発生しない。喫煙しなければそもそもニコチン濃度が上昇することは絶対にないし、ニコチン濃度が上昇しないと低下することもないからだ。だから、非喫煙者にはニコチン切れは起こらないし、ニコチン切れ特有のイライラ感もない。タバコを吸いたがるのは喫煙者だけで、喫煙していない人はタバコを吸いたいと考えることもない。

このことから類推すると、糖質摂取者の体内では、糖質摂取直後に「何か」が上昇して精神的満足を生み出し、その後にその「何か」が低下した時に、精神的飢餓感が発生しているはずだ。それは何だろうか。

その「何か」とは、血糖だろう。糖質摂取直後に起こる血糖の急激な上昇が、食後の陶酔感と幸福感をもたらし、その後に血糖値が低下し始めると、体は「血糖切れ」状態となる。すると、喫煙者がニコチン切れでタバコを欲するように、糖質摂取者は血糖切れでイライラし始め、糖質を食べたくなる。

朝食にご飯を食べて、10時ごろになると、お腹が空いて甘いものをおやつとして食べ、昼にはラーメンを食べ、午後3時ごろにまた空腹になってまた甘いお菓子をつまみ、夕食にはカレーを食べ、さらに夜にお腹が空いて夜食としてうどんを食べる……のはよくある光景だ。糖質を習慣的に摂取していたときは、これがあたりまえだと思っていたが、これはまさに、喫煙者がひっきりなしにタバコを吸っているのと同じ状態なのだ。タバコを吸いたくなるのが喫煙者だけであるのと同様、糖質を食べたくなるのは糖質を食べている人に特異的に見られる症状なのだ。これが嗜好品の嗜好品たるゆえんである。

ようするに、糖質を食べるとさらに糖質が欲しくなる。そして、糖質以外の食べ物ではこの「糖質切れのイライラ感」は満たされない。まさに、糖質は糖質を呼ぶのだ。

一方、血糖の上昇をもたらす食べ物は糖質だけだから、血糖を上げない食べ物（タンパク質と脂質）をいくら食べても、「糖質切れの飢餓感・イライラ感」はまったく解消されないことになる。これはニコチン切れのイライラ感がタバコ以外では癒されないのと同じだ。昼食にラーメンを食べた数時間後に発生するイライラ感・空腹感は、ステーキやチーズでは解消されず、甘い鯛焼きやケーキ、炭水化物たっぷりのカップ麺を食べてはじめて満たされる。

ようするに糖質食では、「空腹だから糖質を食べたくなる」のではなく、「血糖値を上げるために」糖質を欲するのだ。糖質を要求するのは「体」ではなく「心」だ。だから糖質摂取者は、「体」は栄養で満ち足りているのに、「心」のほうが、さらに多くの糖質を摂取せよと命じるわけだ。

まさにこれは「糖質という憑《つ》き物」に取りつかれたようなものだ。そのため、糖質過剰摂取で肥満になった人は、糖質摂取が作り出した「血糖切れのイライラ感」が命じるままに、さらに糖質を摂取し続け、血糖上昇がもたらす幸福感に包まれながらさらに肥満していく。糖質摂取により「心」は一時的に満たされるが、「体」はどんどん不健康になっていく。これはまさに、ニコチン中毒、覚醒剤中毒と同じで、「糖質中毒」と呼ぶべき状態だ。

そして、糖質中毒から抜けだそうとしても、「炭水化物（糖質）は人間の健康に必要な栄養素である」という栄養学が邪魔をする。栄養学を信じるかぎり、健康になるためには糖質を摂取しなければいけないからだ。かくして、糖質摂取人間は、永遠に糖質摂取をやめられないことになる。まさに「糖質摂取無間地獄」である。

5　これがバランスのとれた食事？

前述したように、食品の三大栄養素といえば、炭水化物（糖質）、タンパク質、脂質であり、栄養学ではこの３つをバランスよく摂取できる食事を推奨している。

たとえば、ＷＨＯの推奨量の配分（総摂取カロリー数に対する三大栄養素の割合）を見ると、［総炭水化物：総タンパク質：総脂質］＝［55〜75％：10〜15％：15〜30％］となっていて、これは日本の厚生労働省の推奨する比率でも、ほぼ同じくらいである（「日本人の食事摂取基準」２０１０年）。

たとえば成人男性は、「１日あたり約２４００キロカロリー必要」とされるが、三大栄養素のカロリー数の割合は［総炭水化物：総タンパク質：総脂質］＝［１３２０〜１８００：２４０〜３６０：３６０〜７２０］となり、各栄養素の１グラムあたりのカロリー数は、炭水化物とタンパク質が４キロカロリー、脂質が９キロカロリーなので、重量比にすると［総炭水化物：総タンパク質：総脂質］＝［３３０〜４５０グラム：60〜90グラム：40〜80グラム］となる。

この数字だけ眺めていると、なんとなく納得してしまうが、炭水化物の代表として砂糖（ショ糖）、タンパク質の代表として鶏のささみ肉、脂質の代表としてサラダ油を、食材として重量に換算すると、とんでもない数字であることがわかる。上記の重量比は［総炭水化物：総タンパク質：総脂質］＝［砂糖３３０〜４５０グラム：鶏のささみ２５３〜３８０グラム：サラダ油40～80グラム」となるからだ。

これは1日量なので、3回に分けて食べるとすると［総炭水化物：総タンパク質：総脂質＝砂糖110～150グラム：鶏のささみ84～127グラム：サラダ油13～27グラム」という量になる。

前述の、WHOや日本の厚生労働省が推奨する「栄養のバランスがとれた食事」を、じっさいの食材に当てはめるとこうなるが、何かおかしくないだろうか。

6 「食事バランスガイド」は糖質過多だ

厚生労働省（厚労省）と農林水産省（農水省）が公表している「食事バランスガイド」を読むと、そこには「1日にご飯なら中盛4杯、食パンなら6枚、うどんや蕎麦などの麺類なら3杯食べるのがバランスのとれた食事である」と明記されている。ご飯中盛を1日に4杯なら普通の食事だし、食パンが1日6枚というのは、むしろ少なすぎると感じるはずだ。

ところが、これらの主食に含まれる炭水化物（＝糖質）を砂糖に換算すると、「1食あたり砂糖110～150グラム」というとんでもない量になってしまう。何しろ、角砂糖（1

個4グラム）に換算すると、約28〜38個である。これを「普通の量」と感じる人はたぶんいないと思う。

鶏のささみが100グラムとか、サラダ油が20グラムというのはごく日常的な量だが、一食分の砂糖（＝炭水化物）の量が、110〜150グラムというのは異常である。ご飯1杯をぺろりと食べてしまう人でも、超甘党の人でも、角砂糖38個をぺろりと食べるのは至難の業《わざ》だろう。

これが前述の、「炭水化物は甘くないため、糖分を摂取していると感じない」というトリックである。厚労省や農水省の「食事バランスガイド」の正体は、角砂糖に換算しないと見えてこないのだ。

7　この「ガイド」はそもそも科学ですらない

厚労省と農水省が推奨する「食事バランスガイド」は、ようするに、「毎食必ず、角砂糖38個食べなさい」と言っているようなものだ。厚労省は、国民を糖尿病にするつもりなのだろうか？　なぜ、こんな異常とも思える糖質過剰な食事を推奨しているのだろうか。

もちろん、それには理由がある。

この「食事バランスガイド」は、国立健康・栄養研究所が、日本人の平均的な食事を調査し、その平均値を算出したものをベースに作られたからだ。

ようするに「栄養学的・生物学的にこの量を摂取する必要がある」という数字ではなく、日本人は習慣としてこのような食事をしていますよ、という調査結果から、日本人の食事の理想的なバランスを割り出した代物なのだ。つまり、科学とはまったく無関係な、単なるアンケート結果にすぎない。当然、科学的根拠は皆無と見なすべきだ。

これをたとえていえば、「中学1年生は学習内容を理解するためには、毎日自宅で2時間勉強すべきである」と推奨するのでなく、「中学1年生にアンケートをとってみたら、毎日自宅で30分しか勉強していない生徒が多かった。だから勉強は30分がよい」と提言しているようなものだ。

農水省や厚労省がアンケート結果を元に「カロリー数の6割以上は炭水化物で摂取すべきである」と考えているのであれば、これは科学の基本すら知らないといわざるをえない。これが許されるのなら、科学に実験も考察も不要になり、多数決で決めればいいことになってしまう。

現実問題として、国民の多くが毎食ごとに、角砂糖38個分の糖質を摂取しているのは事実かもしれないが、だからといって、「毎食ごとに角砂糖38個を食べれば健康になる」という結論を出すのは論外である。国民の健康を守るのが厚労省の仕事であるのなら、厚労省が総力を上げて食事と健康について研究して科学的なデータを出し、その上で、「理想とすべき栄養素の組み合わせ」を指針として出すのが本筋というものだろう。

くりかえすが、「国民の3人に2人は赤信号を無視して横断歩道を渡っている」という調査結果が出たとしても、「赤信号は無視して渡ってよい」としてはいけないし、「小学生の6割が家庭用ゲーム機で2時間以上遊んでいる」からといって、「家庭用ゲーム機の使い方を学校の授業で教えよう」と決めてはいけないのだ。

（2）こんなにおかしな糖尿病治療

1　糖尿病の食事療法は矛盾だらけ

さてここからは、糖尿病治療の問題点についてみていきたい。

あなたが会社の健康診断で、「おしっこに糖が出ているし、血糖値もちょっと高いですね。もしかしたら糖尿病かもしれません。専門機関で調べてもらってください」と指摘されたとする。あなたはおそらく、自宅近くの病院を受診するだろう。そこでは血液検査やら何やら、いろいろな検査をしてくれる。

その結果、「あなたは糖尿病です。治療せずに放置するといろいろな合併症が起こります。糖尿病性網膜症で失明するかもしれませんし、糖尿病性壊疽《えそ》で足が腐ったら、足を切断しないといけないし、糖尿病性腎不全になったら人工透析になります」と説明されたとする。糖尿病の恐ろしさを説明する医者の言葉を聞いて、あなたは身震いするだろう。

もちろんあなたは足を切られたくないし、失明するのも嫌だ。だから医者に、「どうしたら治りますか?」と質問するだろう。その時、医者はどう答えるだろうか。

「最初は食事制限をします。そして内服薬も必要です。しかし、それでも血糖値が下がらない場合は、インスリンの注射です」と説明し、栄養指導室で糖尿病の食事療法の指導をするはずだ。

では、じっさいの食事療法とはどういうものかというと、毎日の食事を［糖質：タンパク質：脂質］＝［60%：16〜20%：20〜25%］にして、1日の総カロリーを1600キロカロリーに抑えるというものである。これが糖尿病学会が推奨する糖尿病の食事療法である。

ようするに、「カロリーのとりすぎ、とくに脂質のとりすぎが糖尿病の原因であるのだから、摂取カロリーを減らし、脂質をなるべくとらないようにしなければいけない」という考えに基づいて考え出された食事なのである。

これをみて、本書の読者なら「オイオイ、それっておかしくないか?」とツッコミを入れるはずだ。なぜなら、血糖値を上げる唯一の栄養素は、脂質ではなく糖質だからである。簡易血糖測定器があれば簡単に調べられることだが、肉を山ほど食っても、食用油をグビグビ飲んでも、血糖値は上がらないのだ。

さらにちょっと知識があれば、「食事の6割が血糖を上げる糖質じゃ、食後に血糖が上がるよね。血糖が上がったら糖尿病は治らないよね」と気が付くはずだ。まさにそのとおりなのである。

だから、いくらカロリー制限し、脂質摂取量を減らしたとしても、この「糖質6割」の食事をとっているかぎり、糖尿病は治らないのだ。「虫歯の治療食に砂糖がたくさん入っている食事を」とか、「アルコール依存症の治療で入院したら、毎食ごとにお酒が飲みきれないくらい付いてきた」というのと同じ状況である。

その結果、どうなるか。

食後の血糖値はもちろん高いままだし、糖尿病の症状も改善しない。血糖を上げる食事を食べさせられているから当然である。だから糖尿病治療薬の内服も必要になるし、それでもだめならインスリン注射をするしかない。

ようするに、「糖質たっぷりの糖尿病食」を食べ続けているかぎり、一生、糖尿病がついて回り、一生治療を続けるしかないのである。

マッチで火を点《つ》け、燃え上がってから「火事だ」と騒ぎ、ポンプを持ち出して「火事を消してあげましょう」という詐欺のことをマッチポンプというが、この「糖尿病の食事療法」は、まさにマッチポンプの見本である。「血糖を下げる食事を食べなさい」と食事療法を勧め、「これを食べても血糖値が下がらないのは、あなたの糖尿病が重症だからです。だから薬を飲んでインスリンを打たないといけません」と提案してくるのだ。詐欺の手口としては極めて巧妙である。何しろバックに糖尿病学会が付いているのだから……。

この詐欺的治療が成立するためには、もちろん条件が必要だ。

①患者が血糖と糖質の関係を知らず、
②医者のいうことを疑わずに頭から信じ込むタイプで、
③糖質制限について知らない、

という条件が必須である。患者が無知でなければ通用しない手口である。

ちなみに、思考実験をしてみると、面白い現象が起こることに気が付く。かつて糖尿病だったが、糖質制限で血糖値もHbA1c（ヘモグロビンエーワンシー）も正常化している人が、たまたま何かの病気で入院した、という状況である。

入院時に「今までにかかった病気は?」と質問されるので、「糖尿病です」と答えると、どうなるだろうか。すると、その病院の糖尿病専門医に紹介され、山ほど砂糖の入った検査薬を飲まされ、その後の採血で糖尿病と診断され、食事は自動的に糖尿病食に変更されるはずだ。ということは、カロリーの6割が糖質となり、その結果、血糖値は確実に上昇する。

血糖値のデータを見た糖尿病専門医は、「あなたは糖尿病だからインスリンが必要だ」と診断する。その結果あなたは、ふたたび糖尿病患者に逆戻りだ。

もちろん、糖質制限を知っているあなたは主治医に、「血糖を上げる糖質が6割も入っている食事を食べさせられたら、血糖値が上がるのはあたりまえじゃないですか? なぜ、以前糖尿病だったからといって、血糖を上げる糖質を食べないといけないのですか?」と質問するだろう。

すると主治医はどう答えるだろうか?

たぶん、「糖尿病食は昔から、糖質6割と決まっている。それ以外の糖尿病治療食はない。あなたは糖尿病なんだから、文句をいわずに糖尿病食を食べないとダメだ! 糖質6割の食事を食べないと、糖尿病は治らないぞ!」と頭ごなしに恫喝《どうかつ》されるはずだ。

このような「糖尿病の食事療法とは、糖質をたくさん摂取するもの」と信じ込んでいる医者の魔の手から逃れるには、何かの病気で入院しても、「糖尿病にかかったことがある」なんて正直に申告しないことが一番だ。

そうやって自分の身を守らないと、「病院の糖尿病食で糖尿病を発病」しても文句は言えないのだ。

2　糖質制限はすべての人に福音か？

このように糖質制限について考えていくと、糖質制限食を食べているかぎり、糖尿病にならないだろうということは十分に予測できる。くりかえすが、血糖を上げる原因は糖質のみであり、その糖質を食べなければ血糖は上がるはずがなく、血糖が上がらなければ糖尿病ではないからだ。つまり、究極の糖尿病予防が可能になる。

万一、糖尿病にかかってしまったとしても、糖質制限をすれば、血糖は自然に下がってくるし、糖尿病の指標である血液中のHbA1cもまた正常化する。これは多くの臨床例が証明していて、間違いなく究極の糖尿病治療である。

糖質制限が普及して一般化すると、2型糖尿病（いわゆる肥満による成人型糖尿病）そのものが、日本から姿を消す可能性すらある。糖質制限が一般的になれば、新たな2型糖尿病の発生はなくなるだろうし、糖質食で発症した2型糖尿病なら、糖質制限食にすれば自然に治ってしまう。

同時に、私の体で起きたように、肥満関連の高血圧と高脂血症も激減するだろう。つまり、劇的な医療費抑制効果を発揮するのが糖質制限だ。

このように、糖質制限は多くの人にとって福音となるはずだが、光があれば影ありで、糖質制限の普及を苦々しく思っている人もいる。日本糖尿病学会のお偉方と、糖尿病専門医の方々と、製薬会社だ。

ようするに、「糖尿病治療で飯を食っている」人たちである。

3　糖尿病はドル箱

糖尿病は、製薬会社にとってはドル箱である。患者数が非常に多く、しかも一生涯、治療が必要だからだ。

患者がたくさんいて、しかも薬を一生服用しなければいけない、というのが、製薬会社としてはもっとも「おいしい」パターンである。自社の薬を処方してくれる医者がいて、糖尿病患者が減らないかぎり、糖尿病治療薬の売り上げは確保される。

こんなことを書くと、「糖尿病が治らないとは何事か。医者は糖尿病を治そうとして糖尿病治療薬を処方し、インスリン注射の指導をしている」と反論してくる医者が必ずいるが、じつは糖尿病も高血圧も高脂血症も、医者は治していないのである。投薬で糖尿病や高血圧を抑えているだけなのだ。

ここで、ちょっと遠回りでも、病気が治るとはどういうことか、考えてみよう。

4　治っている病気、治っていない病気

たとえば、あなたが健康診断で高血圧を指摘されたとしよう。普通であれば、すぐに内科クリニックか高血圧の専門医のいる病院を受診するはずだ。

すると、いろいろな検査をされて、高血圧の症状により、内服薬（血圧を下げる薬：降圧剤）を処方される。医師の指示に従い、降圧剤の内服を開始。その次の診察で血圧を測ってもらい、「薬が効いて血圧が下がっていますので、引き続き、きちんと薬を飲むように」と

いわれ、医者は30日分の降圧剤を処方してくれるだろう。

では、この場合、高血圧は治っているのだろうか、それとも治っていないのだろうか。なぜ医者は、「毎日薬をきちんと飲むように」と指示するのだろうか。

それは、薬を飲み忘れると、また血圧が上がってしまうからだ。つまり、現在の状態は「薬を飲めば血圧は下がる」が、「薬を飲まなければ血圧は高い」状態である。

これは、近視とメガネの関係と同じだ。近視になって眼科に行くと、近視用のメガネの処方箋が出され、それをメガネショップに持って行くと、近視用メガネができあがる。

もちろん、そのメガネをかけると、近視になる以前のように遠くがはっきりと見える。この状態は一見、近視が治ったかに思える。

しかし、メガネを外すとやはり遠くは見えず、近視の状態は変わっていないことに気付くはずだ。

では、近視用メガネで近視は治っているのだろうか、それとも治っていないのだろうか。

常識的に考えれば「近視は治っていない」だろう。これは「ガードルで締め付けてウエストは細くなったように見えるが、ガードルをはずすと元のぽっちゃりウエストに戻る」のと同じ、あるいは、「シークレットブーツを履くと背が高くなるが、ブーツを脱ぐと背が低くなる」のと同じだ。

では「高血圧が治る」とはどういう状態だろうか。

常識的に考えれば、降圧剤を飲まなくても血圧が上がらなくなる状態になることだろう。

たとえば、骨折の治療では、ギプスで骨折部位が動かないように固定するが、骨折した骨が癒合《ゆごう》してしまえばギプスは不要になり、ギプスをはずしてももう痛みはなく、普通に歩けるようになる。

同様に、抗生物質で肺炎を治療した場合、肺炎が治ってしまえば抗生物質はもう飲まなくてもいい。

つまり、外傷や感染症では、「治る」とは「治療が不要」な状態になることであり、それが治療のゴールになる。そして医者は、そのゴールを目指して治療をする。

しかし、多くの代謝性疾患（糖尿病、高血圧、高脂血症など）では、「治った」状態とはならず、ほとんどの場合、ずっと内服薬を飲み続けなければいけない。

これは前述の骨折でいえば、「ギプスをつけている状態」と同じだ。ギプスをはずして骨折の痛みがぶり返したら、骨はまだくっついていないことを意味し、骨折は治っていないのだ。それと同様で、薬を飲み続けている状態は「治療の途中」と考えるべきだろう。

このように考えると、糖尿病のインスリン治療は糖尿病を治していないし、慢性腎不全の人工透析治療は腎不全を治していないことがわかる。インスリンを打ち忘れると血糖値が上がってくるし、人工透析をさぼったら腎不全で命が危なくなるからだ。

つまり、インスリン注射も人工透析も、その本質的な意味はメガネと同じであり、根本治療とは呼べないのである。

だが、医者から「血圧が下がって高血圧が治ってきましたね」と説明されると、患者としては「自分の高血圧は治ってきている」と思ってしまう。同様に、インスリン注射で血糖値が上がらなくなれば、医者は「きちんと注射しているので糖尿病が治ってきました」と説明し、それを聞いてあなたも安心するだろうし、治療に満足し、医者に感謝すらするだろう。

なぜ満足・感謝するかというと、「本当に治る」とはどういうことかを知らないからだ。糖尿病の治療とは、インスリンを注射することだと信じ込んでいるからだ。２型糖尿病（成人型糖尿病）が、糖質制限だけで「治る」ことを知らないからだ。

ようするに、比較対象できる治療がなければ、そもそもその治療がいいか悪いかは判断できないのである。自分より金持ちを見なければ自分はじつは貧乏だと気づかないのと同じだ。

5　治らない病気こそ儲かる

つまり、病気やケガには2種類あり、骨折や肺炎のように「治ってしまうと治療が必要なくなるもの」と、高血圧や糖尿病のように「一生涯、治療（内服薬や注射）が必要なもの」に分かれる。

では、あなたが製薬会社を運営しているとしたら、前者をターゲットにした薬と、後者をターゲットにした薬のどちらを開発するだろうか。どちらの患者を商売のターゲットにするだろうか。

もちろん、商売として考えるなら後者である。前者は治ってしまえば治療は不要となるが、後者は一生涯にわたってその薬を必要とするからだ。

つまり、治る病気を相手にすれば儲《もう》けは少ないが、治らなくても問題にされない病気を相手にすれば、儲けはそれよりはるかに多くなる。製薬会社にとっては、「薬で症状が抑えられ、かつ、健康で暮らすためには薬が一生涯必要」という状態が理想的なのだ。高血圧や糖尿病の治療薬を製造・販売するのは、商売としてはベストな選択である。

そういう製薬会社にとって、薬を飲み続けなくていい治療が発見されることはどうだろうか。間違いなく、かなり困った状況であり、下手をすると経営が傾いてしまう。糖尿病になっても薬もインスリン注射も不要という治療が開発されたら、関連する製薬会社はすべて潰《つぶ》れてしまいかねない。

そういう「薬もインスリンも不要な糖尿病の根本的治療」が、糖質制限だ。糖尿病治療薬関連会社にとっては、決して普及して欲しくない予防・治療法だろう。

ようするに、糖尿病治療で飯を食っている医者・製薬会社にとって、糖尿病患者は飯の種であり、患者が減少するのはもっとも困る状況なのである。

6　糖尿病学会側から糖質制限を見ると

糖質制限をするだけで糖尿病にはならず、糖尿病になったとしても糖質制限食にするだけで血糖値が正常化することは、すでに説明したとおりである。人間が食事として摂取する三大栄養素（糖質、タンパク質、脂質）のうち、血糖値を上げる作用を持つのは糖質のみだから、糖質を摂取しなければ血糖が上がるわけがないので、当然である。

ようするに、糖質制限は最強の糖尿病予防法であり、もっとも簡単で手軽で効果的な糖尿病の治療なのである。

患者サイドからしたら、そんなに簡単に糖尿病の予防も治療もできるなら大歓迎だろうし、他方で、医療行政サイドからしても、膨大《ぼうだい》する一方の医療費を抑制する手段となる糖質制限は、喜ばしい治療法のはずだ。

ところがここに糖尿病学会が絡《から》んでくると、話がややこしくなるのだ。糖尿病学会と、それに所属する糖尿病治療専門医にとっては、糖質制限は歓迎すべき治療ではなく、むしろ困った存在だからだ。

糖尿病学会とは、「糖尿病にはまず食事療法（カロリー制限＋脂質制限）を行ない、それで治らなければ内服薬治療、それでもだめならインスリン注射」という治療を標準治療として医学界に普及させ、このような治療法が「正しい治療」であることを世にしらしめることを目的に設立された組織であり、糖尿病専門医とは、このような標準治療に習熟している医者として学会からお墨付きをもらった医者だ。

糖尿病治療の権威とは、「糖尿病学会が推奨する治療法がもっとも正しい」ということを大前提に成立し、糖尿病専門医とは、「他の医者よりも糖尿病の標準治療に精通している」

から専門家なのである。

ところが困ったことに、糖質制限は、このような「糖尿病学会の定めた標準治療」が根本から不要であり、「糖尿病専門医でなくても糖尿病治療ができる」ことを証明してしまったのだ。極論すれば、世の中から糖尿病専門医と糖尿病学会が消滅したとしても、糖尿病患者も国民も困らないのである。糖質制限を正しく理解していれば、素人でも糖尿病の治療ができてしまうからだ。

さらに、糖尿病の専門家が糖質制限を知ったとしても、それを患者の治療に応用するのは現実的に困難だ。「今日から糖質制限で治療します」というのは、「昨日までの治療は間違っていました」というのに等しいからだ。患者サイドからしても、「食事の6割は炭水化物、カロリーと脂質は制限」から、いきなり「炭水化物はゼロだが、カロリーと脂質は制限なし」と説明されても、混乱するばかりだろう。それなら、当分は従来の食事治療を続けたほうがいい、という計算も成り立つはずだ。

7 「糖質制限は危険」のネガティブキャンペーンの正体

では、もしもあなたが糖尿病の専門医で、学会の理事だったらどうするだろうか。道は2つしかない。一つは糖尿病学会を無用の存在として解散・消滅させるか、もう一つは、糖尿病学会の権威と糖尿病専門医の仕事（＝飯の種）を守るために、糖質制限を攻撃・否定するかだ。

まあ普通は、後者の道を選ぶだろう。自分で自分の「飯の種」を放棄する馬鹿はいないからだ。国会議員の定数削減を国会議員に任せていては、いつまでたっても定数が減らないのと同じである。

だから、「糖質制限の安全性は確立されていない。別の病気が増えるかもしれない」と訴え、それを鵜呑《うの》みにしたマスコミは記事として掲載するわけだ。一種のネガティブキャンペーンである。

これは言いかえれば、「患者を守るか、治療法を守るか」という二者択一である。

じつは、このような「患者を守るのでなく、自らが提唱する治療法を守る」というようなことは、医学の歴史を振り返ると何度も何度もくりかえされ、枚挙にいとまがないくらいだ。

その典型とも言うべき事例が、19世紀末の「虫垂炎治療論争」である。

虫垂炎（一昔前は「盲腸」と言っていた）は、人類の歴史では長らく不治の病であり、発症したら死ぬしかない死の病だった。唯一の治療法は下剤を飲ませ、アヘンで痛みを取ることだった。

しかし、19世紀の後半、虫垂炎の原因が次第に明らかにされ、虫垂を切除すれば命が助けられることがわかり、若手の外科医たちがさまざまな手術方法を考案するようになった。

その先頭に立ったのは、若きアメリカの外科医、マーフィーだった。彼は初期虫垂炎を早期に発見できる診断法を確立し、安全な手術方法を考案し、1889年から怒涛《どとう》のごとく手術を行ない、次々に患者の生命を助けていった。

しかし、当時の医学会は内科医がほとんどで、いくら治療結果を発表しても無視され、内科医たちは依然として下剤とアヘンの処方を止めなかった。

マーフィーと内科学会の10年戦争は、新聞などのマスコミが「虫垂炎は早期切除で助かる」ことを大々的に宣伝するようになったことで決着した。しかし、雌雄が決した時期になっても内科医たちは、古くからの下剤とアヘンに固執し、すべての虫垂炎の患者が内科を素通りして直接外科を受診するようになってもまだ、「下剤とアヘンの治療が正しい」と専門雑誌に論文を発表していたという。

まさに「治療法を守って患者を守らず」の典型だが、「下剤とアヘンによる虫垂炎治療」

↓［虫垂切除による治療］というように、根本から治療法が変化する場合、従来の治療のスペシャリストにとって、その変化は飯の種を失うことにつながってしまう。下剤とアヘン治療だけで飯を食っていた内科医にとっては、これは文字どおり死活問題だったはずだ。

だからこそ、下剤とアヘンのスペシャリストほど、「治療法を守って患者を守らず」を選択したわけである。

(3) 穀物生産と、家畜と、糖質問題

1　穀物の現状

さて、ここからは、糖質過多の食生活を支えている、穀物生産をめぐる問題についてみていこう。

私たち日本人が日々食べている食品の多くは次のように糖質そのものである。

◇米（ご飯、米粉パン、お菓子など）
◇コムギ（パン、うどん、パスタ、お菓子など）
◇トウモロコシ（食用油、お菓子、果糖ブドウ糖液糖など）
◇イモ類（イモ料理、お菓子、果糖ブドウ糖液糖など）
◇サトウキビ・甜菜《てんさい》（砂糖）

さらに、牛肉も豚肉も鶏肉も、飼料はトウモロコシ（＝穀物）であり、どの家畜も穀物をエサに飼育され、その肉や牛乳が、私たちの口に入っている。まさに人類の食を支えているのは穀物であり、糖質なのである。

ちなみに、このなかの「果糖ブドウ糖液糖」とは、イモやトウモロコシのデンプンを酵素反応などでブドウ糖に加水分解し、一部を果糖に異性化したもので、砂糖をしのぐ甘さと値段の安さで、多くの飲料や食品に使われているものだ。

このように考えてみると、穀物（コメ、ムギ、トウモロコシ）と無関係の食品は、大豆食品、魚貝類、野菜、果物などしかなく、まさに穀物が日々の生活を支えていることがわかる。

さて、その穀物はどこで作っているかといえば、米だけが日本国産で、コムギもトウモロコシもほとんどすべてが、海外の耕作地で作られたものを輸入している。2011年の数字を見ると、アメリカから320億トン、カナダから130億トン、オーストラリアから100億トンとなっていて、北米とオーストラリアがほとんどであることがわかる（農林水産省生産局資料による）。

つまり、アメリカやオーストラリアで穫《と》れたコムギで作られたパンやうどんやお菓子を食べ、アメリカで穫れたトウモロコシをエサに育てられた牛や豚や鶏を食べているわけだ。

また、アメリカの穀物生産の中心地はアメリカ中西部であり、オーストラリアは南東部が中心である。

これらの地域を、私たちは「世界の穀倉地帯」と呼んでいるが、それはまさに「穀倉地帯＝穀物を作っている地域」である。穀物中心に成立している私たちの食を支えているのは、まさにこの「穀倉地帯」なのだ。つまり、これらの地域での農業が将来も安泰であれば、私たちの食も安泰と言える。

ところが、この「日本の食を支える穀倉地帯の農業」が、じつは先行き不透明なのである。持続可能型農業だとばかり思っていたら、じつは持続不可能なシステム、すなわち環境破壊型農業、持続不可能な農業だったのである。
理由は次の3つだ。

◇窒素《ちっそ》肥料による「緑の革命」の弊害
◇塩害
◇地下水の枯渇《こかつ》

これらの問題について、順にみていってみよう。

2　穀物生産の危うい現状

現生人類の人口の推移を調べた研究によると、1万年前に500万〜1000万人、紀元前2000年で2700万人、紀元1年で1億人、西暦1500年で5億人、1800年で9億5000万人、1900年で16億人、1930年で30億人、1970年で40億人、そして2011年に70億人を突破した。

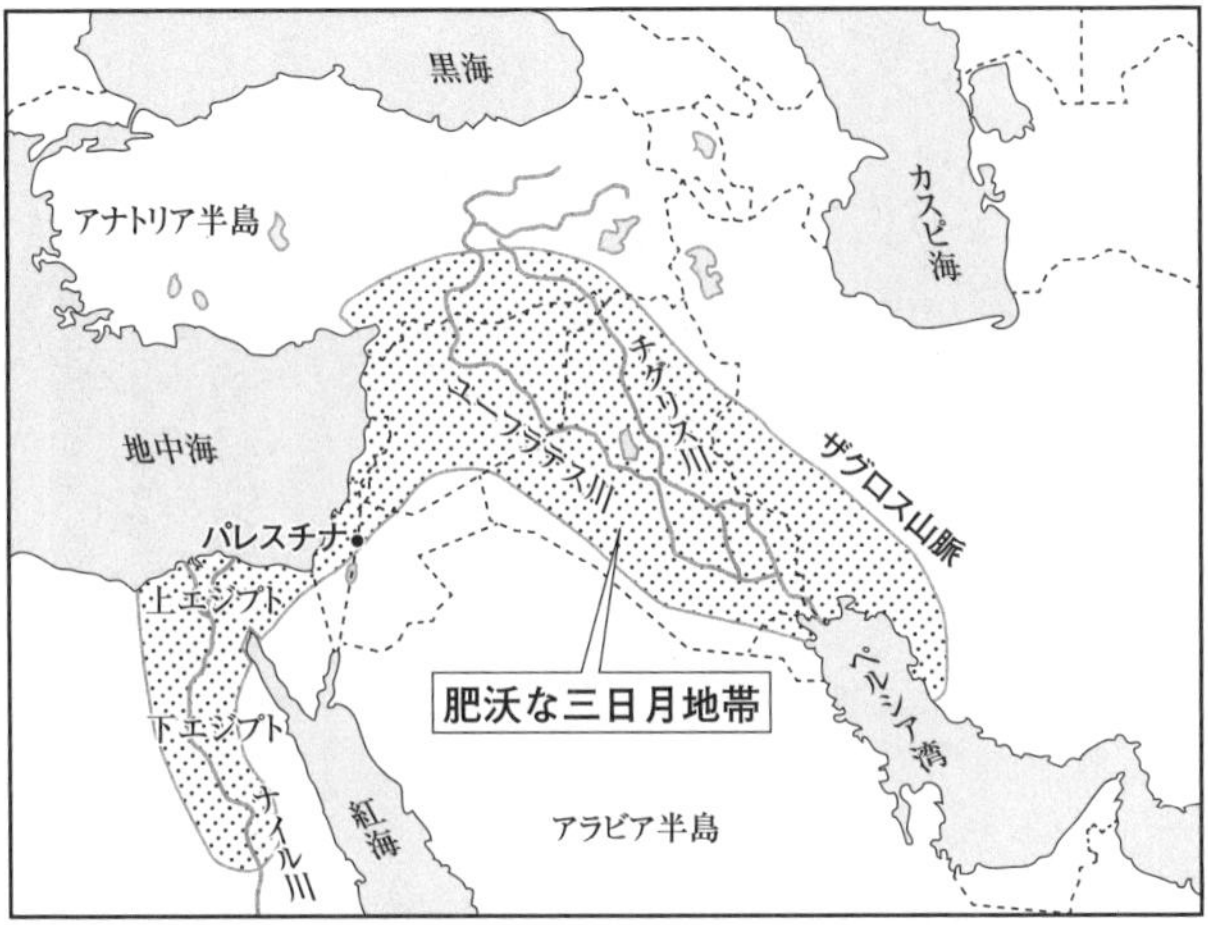

図1　肥沃な三日月地帯

この人口増加を支えてきたのが、驚異的に高い生産性をほこる植物である「穀物」の栽培である。

じっさい、人口増加に歩調を合わせるように穀物生産量も増加してきたが、じつは１９５０年代までの穀物増産は、すべて耕地面積の拡大によるものであった。つまり、耕地面積が増えた分だけ収穫量が増えていたわけだ。

現在の穀物栽培の原型は、後ほど説明するように、１万数千年前のメソポタミアの「肥《ひ》沃《よく》な三日月地帯（Fertile Crescent）」で始まったとされているが（図１）、そのころから１９５０年ごろまでは、農機具が鉄器に変わり、牛馬がトラクターに変わったくらいで、農業の基本的なやり方は１万年前とほとんど変化していなかったとされている。

しかし、１９６０年代に始まる「緑の革命」が、穀物生産と食料生産に大革命をもたらす。じっさいに、１９６０年ごろから、世界の耕地面積は増えていないのに、単位面積あたりの収穫量（反収《たんしゅう》）は右肩上がりに増大していて、それはまさに、人口の爆発的増加にピッタリと一致している。

緑の革命とはようするに、化学肥料や農薬の大量使用、機械化と大規模化、品種改良、灌《かん》漑《がい》技術の進歩などがもたらしたものだが、その中核をなすのが、窒素肥料の開発と、灌漑技術の進歩とされている。

窒素は生命の維持に欠かせない元素で、大気中に豊富に含まれるが（地球の大気の78％は窒素、21％は酸素である）、窒素は反応性に極めて乏しく、わずかにマメ科の植物が、共生根粒菌《こんりゅうきん》の作用で大気中の窒素を固定して利用できる程度である。

１９６０年以前の農業の反収が増えなかったのは、この土壌中の窒素濃度が、収量のボトルネックになっていたためらしい。

しかし、20世紀初頭にアンモニア合成法が発見され、そして窒素肥料が合成されたことから、事態は一気に変化した。植物の生長に必要な窒素を空気から作ることができるようになり、好きなだけ投与することが可能になったからだ。

これにより、連作障害（同じ作物を何年も続けて栽培すると、土壌の窒素が失われる）を気にせずに耕作することが可能になった。その結果、耕地面積は同じでも、以前の何倍もの穀物が収穫できるようになり、その穀物が60億人、70億人と増えていく人類の食を支えてきたわけだ。

しかし、これはいわば、地球と植物が2億年かけて作り上げた共存のルールに対する、人間側の宣戦布告であり、謀反《むほん》だった。この結果、緑の革命開始からわずか40年ほどで異変が起き始めたのだ。過剰投与した窒素肥料が湖沼《こしょう》や海に流れ出し、富栄養化を起こしたのだった。

この結果、世界各地の海岸を、くりかえし赤潮が襲い、沿岸漁業に深刻な打撃を与えるようになった。そして同時に、右肩上がりに順調に伸びを続けてきたすべての穀物と大豆の反収が、２００５年ごろから頭打ちになり、国によっては減少し始めているのだ。

さらに、肥料中の窒素は地下に浸透して、地中微生物の作用で硝酸に変化し、それが世界各地で深刻な地下水汚染をもたらしている。ようするに、緑の革命の神通力は、すでに限界に達してしまったらしい。

同様に、紀元前6000年ごろに始まった灌漑農法も、乾燥した不毛の大地を緑の耕作地に変えたが、やがてこれが塩害をもたらすことになった。同じ耕地に水を撒《ま》くことで、水が次第に地中に浸透し、そこで地中奥深くに眠っていた塩と出会って塩水となった。やがて塩水は浸透圧差でゆっくりと上昇して地表に顔を出し、水分が乾燥して塩が残ることになる。これが塩害だ。

耕地を増やそうと、乾燥した地域に大量の水を撒けば撒くほど、塩が上がってくるのである。もちろん、塩が析出《せきしゅつ》された土地では、ほとんどの作物は栽培不可能となった。このような塩害が世界各地の農地で起きているのである。

さらに、地下水の枯渇も深刻だ。たとえば、世界の穀倉地帯であるアメリカ中西部は、1930年代までは乾燥した荒地だった。だが、この地域の地下に豊富な地下水を含むオガララ帯水層（図2）が発見されたことから事態は一変する。

いかに容赦《ようしゃ》なく太陽の照りつける乾燥地でも、そこに水があれば農業が可能になるからだ。灼熱《しゃくねつ》の太陽光は、地下水のおかげで作物の光合成に最適なものとなった。そして、この不毛の大地は、短期間で大穀倉地帯に変貌《へんぼう》することになる。

現在もオガララ帯水層は、アメリカ全土の灌漑に使われる地下水の3分の1をまかない、

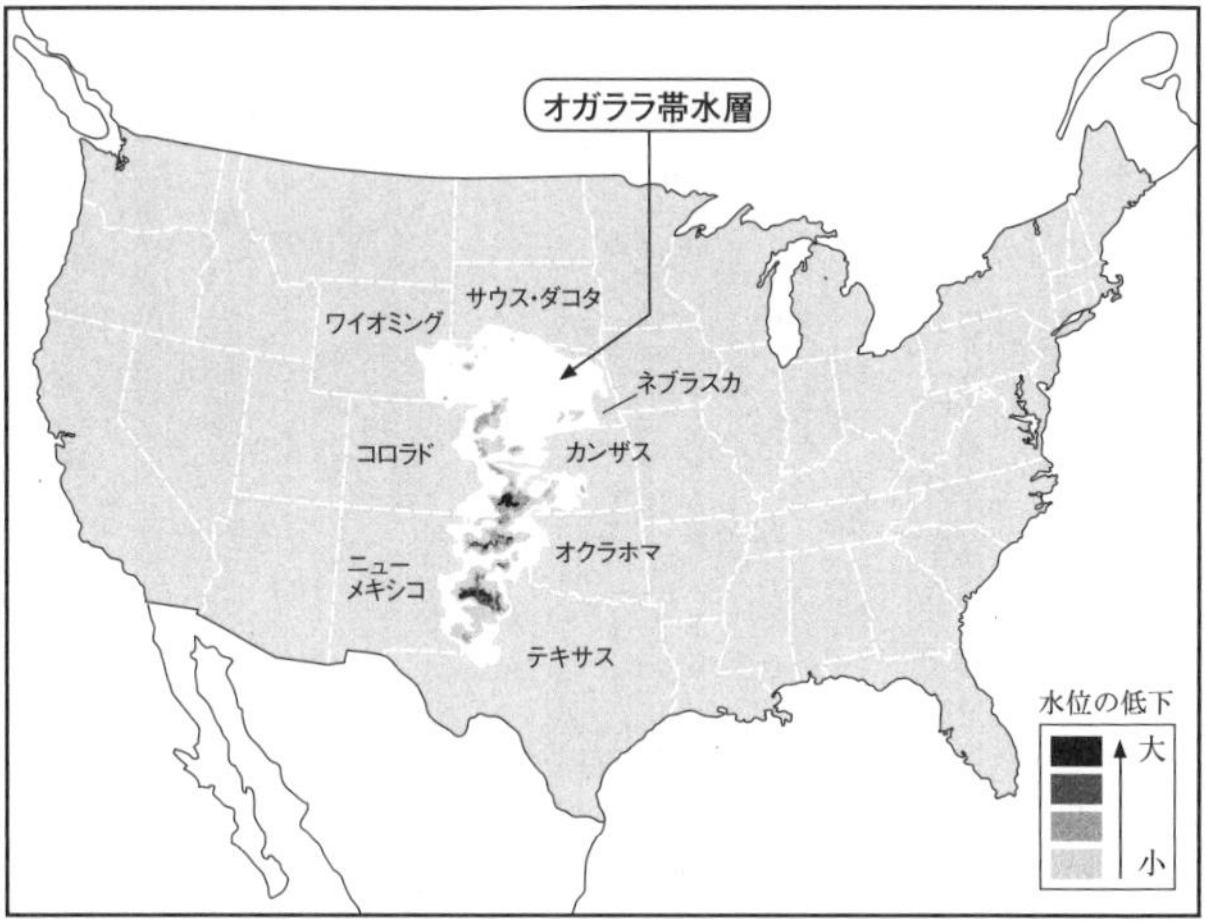

図2　オガララ帯水層

帯水層の上にあるいくつもの大都市の人々の生活と工業を支えている。

しかし、この無限に思えたオガララ帯水層も、じつは有限な資源だった。取水できる水位が毎年低下しているのだ。専門家の間では、オガララ帯水層はあと25年ほどで枯渇するという意見が多いそうである。

そして、アメリカ同様、地下水を汲《く》み上げて灌漑農業を行なっているすべての地域で、地下水位の低下が起きているのである。それがどれほどの規模で起きているかというと、ＮＡＳＡの人工衛星が地球の重力の明確な変化として検出可能な程度というから、尋常ではない。

１９６０年代、地球の人口は12億人あまりだったが、そのころ、地球規模で緑の革命が始まる。それにより人類は食べきれないくらいの量の穀物を手にすることができ、それから60年間で70億人まで増加することができた。しかしそれは、地球の重力を変えるくらいの地下水を汲み上げて利用することで成立していたのだ。

ようするに、現在の大穀倉地帯での穀物農業は、環境破壊型農業であり、どこかで必ず限界に達し、破綻《はたん》するシステムだったのだ。

オガララ帯水層は数百万年かけて形成されたと考えられるが、われわれはそれを、わずか数十年間で飲み干そうとしているのである。日本人の食べている穀物や肉の多くは、オガララ帯水層を使って作られているのだから、私たちも地下水鯨飲《げいいん》に参加しているといえる。ようするに、地球上の淡水の総量に比較して、70億人は多すぎるのだろう（……しかも、あと30年足らずで、世界人口はほぼ確実に90億人を超える）。

そして同時に、慢性的な水不足に苦しめられる人々が増え始めた。１９６０年ごろまでは、乾燥地域に暮らす人々でも水の心配をせずに生活できていたのに、２０００年では5億人が水不足に苦しめられるようになり、現在では7億人を超える人が、水不足のために生命の危機に瀕《ひん》している。

この「淡水不足」問題の根本は、水の物理的・化学的特性にある。液体は重力に従って移動して位置エネルギーを最小にしようとするし、水は何でも溶かし込む優れた溶媒である。だから地表の水は必然的に海か地下に移動し、地球の水の大半は塩を溶かしこんで塩水になる（図3）。

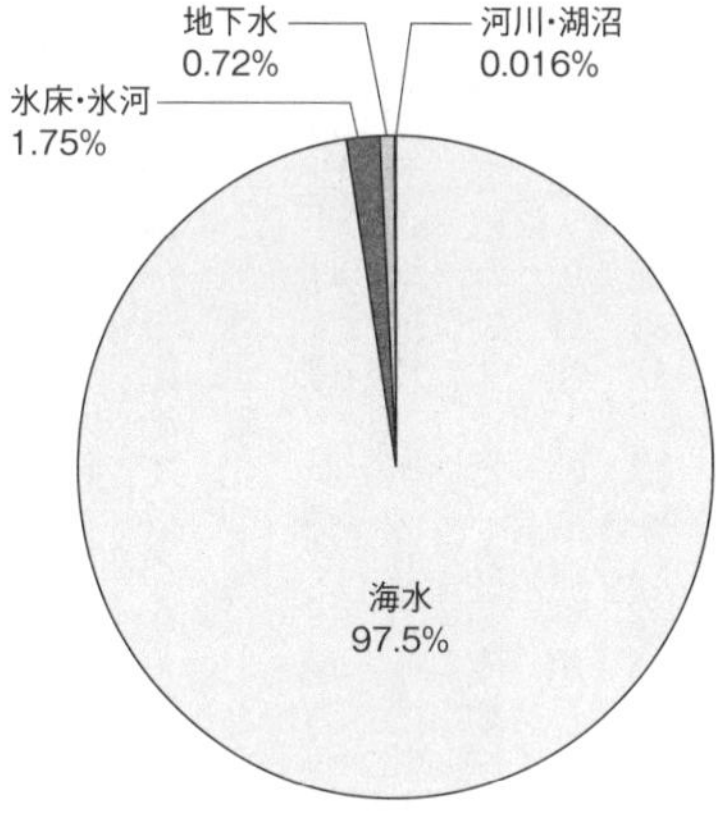

図3　地球上の水の割合

もちろん、海水が蒸発して陸地に雨となって降れば淡水化されるが、海面からの蒸発量は太陽からの熱エネルギーで一義的に決まってしまうため、人間側が制御できないのだ。だからこの淡水不足問題は、画期的な海水淡水化の技術が開発されないかぎり、おそらく解決不能と思われる。

これらの事実から、どういう未来が描けるだろうか。

少なくともそれはバラ色ではなさそうだ。1万数千年間にわたって人類の胃袋を満たし続けてきた穀物は、これ以上増産できそうにないし、それどころか、穀物の生産量は今後、減少していく可能性が極めて高いのだ（耕地面積を増やす余地は地表にはもう残っていないし、反収も減少し始めているから）。

もちろん、地球温暖化の進行とともに、穀物栽培が可能な地域も両極地方に移動していき、たとえば北半球では、シベリア地方が耕作可能地域になる可能性はある。

だが、その地域で、アメリカ中西部と同じ程度の穀物生産ができるかというと、話はそれほど単純ではないようだ。高緯度地域と中緯度地域では日照時間に差があるが、植物は一般に、長日性・短日性という言葉が示すように、日照時間に関してはきわめて保守的で融通の利かない生物であり、緯度の違いを乗り越えるのは困難なことが多いからだ。

糖質制限について説明すると必ず、「人類が70億人まで増えることができたのは穀物、すなわち糖質のおかげだ。全人類が糖質制限をしたら、たちまちのうちにタンパク源を食い尽くしてしまう」と反論する人がいるが、じつは、その穀物生産そのものが、危うい状況にあるのだ。

3　穀物生産が途絶える日

前項で、穀物生産自体が世界的に頭打ちになっていて、今後は減少するであろう、というデータを示した。

世界の人口は2050年に96億人に達すると予想されているが、それに穀物不足が加わるのである。それはつまり、現在、私たちが享受している、「穀物（＝糖質）を食べつつ、穀物で育てた牛や豚を食べる」という、穀物生産を大前提とした食料生産・消費システムそのものが、いつか必ず破綻するということに他ならない。

この食料システムを根底で支えているのは、コムギやトウモロコシなどの穀物であり、穀物を栽培するのに淡水（＝地下水）が絶対に必要である以上、それがなくなってしまえば土台から崩壊するしかない。人類文明は、必要十分な穀物生産が維持されることを前提に、発展してきたからだ。

マリー・アントワネットなら、「穀物が食べられなかったらお肉を食べればいいのに」と言うだろうが、マリー・アントワネットのころのウシは牧草しか食べていなかったが、現代のウシはトウモロコシで育っているのだ。

穀物生産が減少し始めた時、まず最初に破綻するのは、「家畜を穀物で育てて肉を食べる」というシステムだろう。家畜を育てて食肉とするためには、膨大な量の穀物（もちろんこれは、人間が食べられる食料でもある）を消費するからだ。

じっさい、世界で生産されている穀物の2分の1、トウモロコシの3分の2が、家畜用飼料として消費されていて、アメリカに限ってみれば、生産されるトウモロコシの約8割、オーツ麦のじつに9割以上が、家畜用飼料なのである。

一方、牛肉1kgを生産するのに必要な穀物は、25kg（10kgという説もある）、必要な水はじつに2トンといわれている。

トウモロコシは、もともと人間が食べていた穀物だから、家畜の牛と人間は、トウモロコシという食物に関しては競合関係にある。つまり、穀物を牛に食べさせて牛肉にするより、人間が直接食べたほうが効率がいいに決まっているわけで、これは豚肉でも鶏肉でも同様である。

このような理由で、アメリカ中西部での地下水が十分に採取できなくなった時点で、この地域のトウモロコシ生産は次第に縮小し、「トウモロコシで家畜を育てて、それを人間が食べる」という畜産業は破綻すると予想される。

ところが、前述のような理由で穀物生産がさらに逼迫《ひっぱく》してくると、「牛でなく人間が食べる」トウモロコシすら収穫量が減少する日が必ずやってくる。

しかも、塩害による耕作地面積の減少があり、耕作地の新規拡大もほぼ限界にきている以上、穀物争奪戦となるのは必至かもしれない。つまり、穀物に依存しまくって発展してきた1万数千年の人類文明自体が危ういのである。

4　非穀物食への道

穀物で腹を満たすことができなくなれば、いやでも非穀物食に切り替えるしか選択肢はない。それによって90億人が生き延びられるかどうかは不明だが、「糖質食人間」たちが、穀物にしがみついてその奪い合いをするしかないのに比べれば、非糖質食・非穀物食にさっさと切り替えたほうが、まだ生き延びる可能性があるかもしれない。

まず、農業は大豆などのマメ科の植物中心に転換するしかないだろう。大豆は米よりタンパク質が多い良質の食料であることは周知の事実だが、他の穀物に比べて格段に有利な点がある。マメ科の植物の栽培には窒素肥料が少なくてすむのだ。

先にも述べたとおり、マメ科の植物は、根に根粒菌という共生バクテリアがいて、土壌中の窒素を固定して植物の栄養とすることができる。この根粒菌とマメ科植物の共生関係は、それだけでも本が何冊も書けるくらい複雑にして精緻《せいち》なものだが、その結果として、大豆は痩せた土地でも窒素肥料なしに育つわけである。

その結果、前項で説明したような、窒素肥料による湖沼や海岸の富栄養化という環境汚染は起こりにくいし、地下水への硝酸混入も起こらなくなるはずだ。

大豆だけではちょっと、という場合にはどうしたらいいか。これを補うのが蛆《うじ》、つまり蠅《はえ》の幼虫が最右翼ではないかと思う。無菌的に培養した蠅に卵を産んでもらい、孵化《ふか》した幼虫(=蛆)を工場のタンクで育て、終齢幼虫になったころに「収穫」し、プロテイン粉末に加工するのだ。

こんなことを書くと必ず、「蛆とか昆虫を食べるなんて信じられな〜い!キモい!」と反発する人がいると思うが、そういう人には別に食べてもらわなくてもいい。食べたい人だけ食べればいいのである。

このような「食料としての蛆」量産システムを提案する理由は次のとおりだ。

◇蛆は人間が食べないものをエサに育つので、人間の食料との競合が起こらない。
◇成長が早く、しかもエサをタンパク質に転換する効率がよい。
◇タンパク源として極めて良質。粉末にしてしまえば単なるタンパク質であり、体内に入れれば肉や卵と同じ。
◇小規模の工場でも養殖可能であり、複雑・高度な設備が不要。

ようするに、ウシだろうがウジだろうが食べてしまえば同じタンパク質であり、違いはないのである。

そしてもう一つ、「セルロースの食物化」の可能性がある。これについては本書の後半で取り上げることにする。

5　牛はずっと、草（セルロース）を食べてきた

このように考えてみると、そもそも牛にトウモロコシという本来の食物でないものを食べさせて太らせ、霜降り肉にしているほうが不自然だったことに気付く。

現在の肉牛、乳牛といった家畜牛の祖先と考えられている野生種は、オーロックスである。これは、200万年ほど前にインド周辺に出現したものが原種と考えられ、更新世末期（1万1000年前）には、ヨーロッパ、アジア、北アフリカに広く分布するようになった。

ちなみに、ラスコー洞窟の壁画（1万5000年前）に描かれている牛は、このオーロックスであり、オーロックスを家畜として飼育するようになるのは紀元前6000年ごろと考えられている。

もう一方のトウモロコシについては、現時点で野生種にもっとも近いと考えられているのは、テオシントというイネ科の植物で、メキシコからグアテマラにかけて自生している（ポッドコーンが原種という説もある）。テオシントの栽培が始まるのは、紀元前5000年ごろであり、トウモロコシをヨーロッパに伝えたのは、15世紀末の、あのコロンブスだ。

つまり、コロンブス以前の牛は、トウモロコシを口にしたことはなく、それどころか、牛とトウモロコシは大西洋でさえぎられた別々の大陸の産物であり、両者には接点すらなかったことがわかる。

牛の本来の食べ物は、草でありセルロースだ。そのために、4つの胃袋に、それぞれ異なった膨大《ぼうだい》な数の微生物や細菌を共生させることで生きている（これについては後ほど詳しく説明する)。

ようするに、動物が分解できないセルロースという高分子を、セルロース分解能力を持つ細菌を消化管内に住まわせることで栄養素として利用するという離《はな》れ業《わざ》を獲得した生物が、牛などの草食動物なのだ。

もちろん、前述のオーロックスの分布地のうち、「肥沃な三日月地帯」と呼ばれる地域(現在の国名で言えばイラク、シリア、レバノン、イスラエル、パレスチナ、及びエジプト北部)はコムギの原産地であり、現在でももっとも原始的なコムギの野生種のヒトツブコムギなどが自生している土地であり、オーロックスも野生種のコムギの葉は食べていただろうが、穂はおもな食物ではなかったはずだ。

一方、現在のトウモロコシの成分を調べると、炭水化物が100グラム中16・8グラムと非常に多く(ちなみに、タンパク質は3・6グラム、脂質は1・7グラムである)、一方で、食物繊維はわずか3グラムであり、ほぼ炭水化物の塊だ。つまり、牛本来の食べ物であるセルロース主体の植物体とは、似ても似つかないものだ。

オーロックスが地上に出現してから200万年間、セルロースを主体とした植物体を食料とする方向で進化してきた牛が、炭水化物主体のトウモロコシを飼料として与えられるようになったのは、おそらくここ40年ほどの出来事だろう。生物学的に考えて、牛の消化機能が、わずか40年でトウモロコシに適応するとは考えにくい。

トウモロコシを飼料として牛を育てるようになった結果として、私たちが美味な霜降り牛肉を食べ、安価な牛乳をいつでも飲めるようになったのは事実である。

しかし、野生動物にはありえない脂肪だらけの筋肉を持つ松阪牛の姿が、糖質だらけの食事を食べて肥満に悩む私たち自身の姿にダブって見えないだろうか。

(4) 食事と糖質、労働と糖質の関係

1 中世ヨーロッパの庶民は食事を楽しみにしていたのか

さて、ここからは、人間の食事や労働と、糖質との関係をみていくことにしよう。

中世ヨーロッパの庶民の食事について書いてある本を読むと、彼らの食事は「毎日毎日、

同じ食事のくりかえしで単調」だったことがわかる。たとえば次のような感じだ。

中世ヨーロッパの食事の基本は煮込みであった。（中略）大鍋が日夜火にかかっており、野菜や肉、獣脂がごった煮に煮られ、消費された食材は次々と補給された。（中略）農民はわずかの塩漬けの豚肉や豚脂を加えるか、または野菜と豆に、古いパンを加えただけのごった煮風スープを毎日飽きることなく食べた。この頃（中略）ヨーロッパ中どこでも農民は貧しいスープか雑穀の粥で日を過ごし（…後略）。

（北岡正三郎『物語 食の文化』中公新書より）

あるいはこのような記述もある。

中世から近世にかけては食糧供給が非常に不安定であった。（中略）農村では、毎日の食べ物と祝祭時の食べ物との落差が大きく、収穫祭、結婚式、守護聖人の祝日、復活祭、クリスマスなどに桁外れのお祭り騒ぎをする一方、通常はせいぜいパンか野菜の煮汁だけで生きていた。十九世紀までのヨーロッパの農民の大半は、肉をほとんど口にせず、パンのほかは鍋で煮た野菜とスープばかりであった。

（宮下規久朗『食べる西洋美術史』光文社新書より）

これらの本をはじめて読んだ当時は、なんて貧しいつまらない食生活だったのだろうと思った。来る日も来る日も野菜と豆のごった煮、朝も昼も晩もパンと野菜の煮汁である。おまけに肉を食べる機会はほとんどなかったのだ。これでは、昔読んだソルジェニーツィンの『収容所群島』の食事と変わるところがないではないか。

それなのに「毎日飽きることなく食べた」のだ。食の楽しみのない人生はみじめだな、毎日野菜のごった煮しか食べられない人生は味気なくて嫌だな、この時代の庶民に生まれなくてよかったな、と本気で思ったものだ。

だが、糖質制限に体が慣れると、自分が以前ほど「食事に執着していない」ことに気がついた（もちろん、私だけに起きている現象かもしれないが）。本格的に糖質制限を始めてから、朝は糖質の少ないシリアルと牛乳とチーズ、昼はお弁当のおかずだけ、夜は病院近くの居酒屋で野菜炒めと焼き魚、という食事を半年間ほどほぼ毎日食べていた。仕事が忙しかったから、食べ物についてあれこれ悩むのが面倒だったということもある。

もちろん、毎日同じ物を食べているのだから、食べる前から料理の内容も味付けも完全にわかっている。意外性は皆無で、単調といえば単調な食事だ。

だが、不思議にそれが苦痛でも不満でもないのだ。空腹感を感じたから食事を食べているし、生きていくためには食べなければいけないが、それ以上でもそれ以下でもないのだ。

世の中には食べることが何より楽しみ、人生の喜び、という人がいるが、一方で、食べることを楽しみとしない人生も可能なのだ。糖質制限に目覚めなければ、このような「食事に執着しない人生がある」なんて絶対に気がつかなかったことだ。

美味なるものを追い求める生き方をする人を否定しようとは思わない。しかし、美味を追求していくと、そこには必ず、食材や調味料として糖質が待ち受けている。そして糖質摂取を続けていれば必ず肥満になり、その先には糖尿病が待っている。

もちろん、美味なるものを食べて、糖尿病やアルツハイマーになるなら本望だ、という生き方もあると思うが。

2　快楽としての食

そもそも「食べる」とはどういう行為だろうか。

もちろん、食べることは生命維持に絶対必要な行為であり、その意味では排泄や睡眠と同じで、生命体にとってもっとも根源的な行為といえる。

おそらく動物にとって、食とは「楽しみ」とは無縁のものではないかと思う。草食動物が草を食べるのは、楽しいからでも草の食味を楽しんでいるからでもないだろうし、ライオンが獲物を楽しみながら食べているわけでもないだろう。

これはトンボを捕まえて食べるカマキリや、稲の葉を食べるイナゴ、クヌギの樹液を吸うカブトムシでも同じだろう。排泄や睡眠が楽しみではないのと同様、食も本来は「楽しみ」とは無縁なもののはずだ。

人類もおそらく、本来はそうだったはずだ。縄文人も弥生人も生きるために食べていて、楽しみとして食べていたわけではなかったと思われる。あの華麗な王朝文化を築いた平安貴族にしても、食材のほとんどは生か干物の魚介類・鳥肉などの動物性タンパク質で、植物性のものは唐菓子と木の実のみであり、味付けという料理技法も概念もなかったようだ（ちなみに加熱した食べ物が普通に食べられるようになるのは室町時代以降らしい）。

つまり、藤原道長にしても嵯峨天皇にしても紫式部にしても、食事は単なる食事であり、「夕食を楽しみに待つ」という感覚は持っていなかったか、あったとしても極めて希薄だったと思う。そしてこれは、19世紀初頭のヨーロッパの農民も、同時代の日本の農民も同じで、「空腹だから食べる」という感覚だったと想像できる。

では、いつから人間にとって、食が「楽しみ」になったのだろうか。

契機はおそらく2つ。一つめは、コムギや米といった、デンプンを大量に含んで味もよい穀物が大量に栽培されてふんだんに手に入るようになったこと、そしてもう一つは、カリブ海でのサトウキビの大規模プランテーションにより、安価な砂糖が庶民でも入手できるようになったことだろう。ようするに、食事を「喜び」に変えたのは、穀物と砂糖なのである。

だが、生物・動物としてみると、「楽しみとしての食事」は、明らかに「食」という行為の本質から逸脱している。食は排泄や睡眠と同列の、生命維持に最低限必要な基本的行為である以上、「食べることが楽しみで生きている」というのは、「排泄が楽しみで生きている」、あるいは「人生の一番の楽しみは眠ること」と言っているようなものだからだ。

食事が快楽でない場合、食べる量を決めるのは胃袋の容量であり、容量以上に際限なく食べることはない。しかし、食事が快楽になると、食欲には歯止めがかからなくなる。食べることが喜びなら、それを途中で止めるには、非常に強い意志の力が必要となる。

だから往々にして人は、必要以上の量を食べ、限界を超えてもなお食べ続けようとする。糖質過剰摂取による肥満の根本的な原因は、おそらくこれだろう。

このように考えると、大盛りやお代わり自由という健啖《けんたん》を競う（?）食事のほとんどが、穀物主体である理由が見えてくる。カレーの大盛り、ラーメンの大盛り、メガ盛り海鮮丼、わんこそば、ケーキ食べ放題、ハンバーガー大食い選手権など、いずれもコムギや米などの穀物のオンパレードだ。

快楽としての食事は、肉体の限界をものともしないのだ。

3　明暦の大火と1日3食

私たちは1日に3回食事をしている。そんなのあたりまえだろうと思われるかもしれないが、じつは日本人が1日に3食を食べるようになったのは、比較的最近のことである。そしてこの1日3食という食習慣もまた、穀物食（糖質食）と深い関係にあるようだ。

ヨーロッパでは、食事は1日2食が普通だった（古代エジプトと古代ギリシャは例外的に3食だったようだが）。中世ヨーロッパでは、正午と夕方の2回食べていたが、15世紀になって初めて、この2食（昼食と夕食）に朝食が加わる形で3食が始まり、新しい習慣として次第に広まった。ちなみに、19世紀ごろまでは、もっとも重要な食事は昼食であり、「ディナー」は本来は昼食のことである。

一方、我が国では、鎌倉時代までは武士も農民も、朝食と夕食の2食が普通だった（朝廷のみ例外的に3食だった）。鎌倉時代以降、徐々に1日3食が根付いていくが、日本の庶民が3食とるようになったのは、江戸時代の明暦の大火（1657年1月18日～19日）がきっかけだったらしい。

明暦の大火は、江戸城外堀以内のほぼ全域と、多数の大名屋敷、そして市街地の大半を焼失し、死者は3万人とも10万人ともいわれている、日本史上最悪の大火災である。

そこで幕府は、焼け野原と化した江戸を復興するために、全国から大工や職人を集め、彼らに朝から夕方まで働かせた。しかし、一日中働くためには、朝食と夕食のみでは体力が持たず、昼にも食事を提供するようになって、1日3食の習慣が広まったといわれている。

ちなみに、ヨーロッパでは昼食がもっとも重要だったが、日本では昼食は軽くすませるのが一般的である。そのルーツは江戸時代の明暦の大火だったといえるかもしれない。

では、江戸に集められた職人たちは何を食べていたのだろうか。

江戸時代の日本人の8割強は農民だったが、彼らにとって米は、お上に納めるべき年貢であり、自分たちが食べるための食料ではなかった。

じっさい、長野県の下伊那地方の旗本が、その地域の農民の日常の食事について詳しく書き記しているが（「旗本近藤氏知行所《ちぎようしよ》村々書上」、文政13年＝1830年）、朝食は大麦香煎《こうせん》か蕎麦焼餅、昼食は米3分と大根と粟《あわ》の雑炊、夕食は大根つみ入れか雑炊のみとなっていて、食材に占める米の割合は極めて小さかったことがわかる。

一方、幕府は年貢として納められた米を、石高に応じて武士階級に配分したが、武士たちは家族で食べる分以外の米を市場で売って現金に替えた。当時は貨幣経済が普及しつつあり、年貢米を主たる収入源とする藩の経営は次第に苦しくなり、武士といえども現金なしには生活できなくなってきたからだ。

このため、江戸や大坂の市中には米が豊富に出回っていて、江戸や大坂では、毎日、米の飯を食べる習慣が広まってきた。このことは、この時代に鉄製の羽釜《はがま》（＝炊飯専用の調理道具）が江戸や大坂の庶民の間でヒット商品になったという記録が残されていることからも明らかだ。

このような事実から、江戸に集められた職人や大工の食事は、米がメインだったと考えられるし、短時間で腹ごしらえができる米の飯は、職人を働かせる側からしても好都合だっただろう。

また、江戸は極端に独身男性の多い人工都市であった。彼らの腹を満たすために、寿司や蕎麦や天ぷらなどのさまざまなファストフードが考案され、外食が発達した社会でもあったのだ。この際、塩気のあるおかずさえあれば腹一杯食べられる米や麺類は、食事を提供する側にとっても使い勝手のいい食材だったはずだ。

4　食べるために働くのか、働くために食べるのか——穀物の奴隷

江戸復興のために、幕府は大勢の大工・職人たちを集めたが、集めて働かせるためには十分量の食事を提供する必要が生じる。「腹が減っては戦ができぬ」からだ。

だから、この時期の江戸市中に、米という長期保存可能な食材が大量に出回っていたこと

は、幕府にとって好都合だったと思う。おそらく、米なしには明暦の大火からの江戸の復興にはもっと時間がかかったかもしれない。

幕府は当初、従来の習慣どおりに、食事の回数は2回、つまり「1日2回の米の飯」を提供したはずだ（当時は食事といえば1日2回が常識だったから当然である）。だが、その直後から、「1日2回の飯では腹が減って働けない。昼にも米の飯を食わせろ」という不満の声が上がっただろうことは容易に想像できる。何しろ、米の飯は摂取後数時間後で確実に腹が減る「腹持ちがしない」食材だからだ。米の飯は長時間労働にもっとも不向きな食材なのだ。となると当然、食事回数を増やして1日3回にするしかない。つまり、米の飯をメインに食べる生活になると、必然的に1日3食に切り替えざるをえないわけだ。

そして、その延長線上に、現在の私たちの「朝食、10時のおやつ、昼食、3時のおやつ、夕食、夜食」という、1日6回も糖質摂取をする食習慣がある。穀物や糖質は一時的に空腹感を抑えてくれるが、その効果は数時間で消えて空腹感が襲ってくるからだ。糖質制限食なら1日2食で充分なのに、糖質主体の食事にすると、1日3～6回食べないと空腹に襲われるのだ。

これを、江戸に集められた大工や職人の側から見るとどうなるだろうか。

客観的に見れば、村にいたころの「米を収穫するための長時間の労働」が、江戸では「米を買う金を得るための長時間の労働」に置き換わっただけである。違いは米が食えない生活から食える生活になったことだ。もちろん、村では食べることすらかなわなかった「夢にまで見た米」を、1日3回、しかも腹一杯食べられるだけで幸せだったと思う。

しかし、米の飯を食べる喜びに浸《ひた》るためには、長時間の労働をせざるをえず、しかも米の飯を食べて得られる満腹感は長続きしない。これは見方を変えれば「米の飯の奴隷」「米の飯に支配された人生」ではないだろうか。

私たちは食べるために働いているのだろうか、それとも働くために食べるのだろうか。

もちろん、「食うために働き、働くために食う」。これはコインの表裏であり、分けて考えるほうがおかしい」という答えが一般的だと思う。

だが、こういう意識が生まれたのは、穀物が主食になってからと思われる。

後述するが、狩猟採集時代の生活において、労働の占める割合は非常に小さく、子どもでも簡単に食材が集められたことがわかっているからだ。人類が食うために労働するようになるのは、じつは農耕が始まってからなのである。

5　砂糖漬けの食事が好まれた時代——イギリス

17世紀の江戸で、職人たちが長時間働けた（働かされた）のは米のおかげだったが、19世紀のヨーロッパでは、砂糖が労働者を働かせる魔法の妙薬だった。

18世紀中ごろから19世紀の初め、イギリスでは一連の囲い込み法により、多くの農民が土地を追い出され、働く場を求めて都市に移り住んだ。

それまでのイギリスの工業は、家族単位で行なう小規模の家内制手工業だったが、このころから大きな工場が出現し、多数の労働者を集めて大量の工業製品を作るようになった。その結果、家内制手工業は廃《すた》れ、新たな都市住民となった元農民たちは、工場で働いて賃金を得て生活するようになった。

当時の一般的な労働者家庭では、妻や子どもも工場で働いていたため（子どもは5歳ごろから工場で働いたという記録が残されている）、それまでのように「主婦が家庭で伝統的な食事を作る」ことは不可能になった。

そこで、工場の労働で疲れ果てた女性でも簡単に作ることのできる食事が工夫され、普及することになる。いわば「食生活革命」だが、この「新しい食生活」の中心になったのが「砂糖」だったのだ。当時、ヨーロッパにおける砂糖の消費量は年々増加し、とくにイギリスの食生活は「砂糖漬け」同然だった。

工場での長時間労働（通常、朝6時から夜7時まで働かされていた）で疲れ切った女性たちは、それから家族のための料理を作ることになる。当然、簡単に作ることができてお腹がふくれるものがいい。それが、「砂糖たっぷりの紅茶、ジャム、果物の砂糖煮、冷肉」という食事だった（エリザベス・アボット『砂糖の歴史』河出書房新社）。

なかでも中心となったのは、砂糖入りの紅茶だったが、ほかにも当時のレシピには、見ただけで胸焼けがするほど大量の砂糖を使った料理が記載されている。

そして工場労働者もまた、砂糖過剰な食事を歓迎した。なぜなら、砂糖は長らく王侯貴族や上流階級にのみ許された「王の味」だったからだ。労働者たちは、〔砂糖たっぷりの紅茶が飲める〕＝〔ブルジョワの一員〕と考え、砂糖たっぷりの食事に満足していたらしい。

この砂糖漬け生活は、カリブ海の西インド諸島で生産された砂糖が、大量にヨーロッパに輸入されて価格が下落し、それまで上流階級の独占物だったのが一気に下流階層に広まったことで実現した。西インド諸島で、サトウキビの大規模プランテーションが始まったからである。この大規模プランテーションは、西アフリカから奴隷船に動物のように積み込まれて連れて来られた黒人奴隷の強制労働で維持されていた。

これが、ヨーロッパ、西アフリカ、西インド諸島をつなぐ、悪名高い三角貿易であり、三角貿易はヨーロッパに莫大な富をもたらし、後に産業革命の原動力となった。

ちなみに、サトウキビは、史上最悪の環境破壊型作物といわれている。成長のために大量の水が必要で、土壌中の栄養分を消費し尽くすからだ。

また、栽培に過酷な労働を要求する植物でもあった。つまり、サトウキビの大量栽培による砂糖生産は、奴隷労働と環境破壊がなければ成立しなかったのだ。

西インド諸島のプランテーションで、黒人奴隷の血と汗で作られた大量の粗糖は、イギリスに運ばれ、精製されて純白無垢《むく》な砂糖に生まれ変わり、ヨーロッパ中の食卓にのぼった。

砂糖はその白さで奴隷労働の悲惨な現状を覆い隠し、甘さで人間を魅了した。ヨーロッパ人たちにとっては、砂糖生産現場はあまりに遠く、それがどのようにして作られているのかまで考える余裕もなく、工場で働き続けた。

生産地と消費地の距離が離れれば離れるほど、消費者は生産者のことを考えなくなり、生産の現場で何が行なわれているのかに無頓着《むとんちゃく》になる。その究極の姿が「食のグローバル化」

であり、「食糧生産のブラックボックス化」だ。その発端はこの時代だったのである。

6　疲労回復の妙薬

砂糖は、短い休憩時間で疲労を回復させる魔法の薬だった。事実、砂糖を摂取すると、疲労感はなくなり空腹感もおさまる。このため、産業革命期の工場主たちは、休憩時間になると、労働者に砂糖入り紅茶を提供するようになった。

なぜなら、出がらしの味のない紅茶でも、たっぷり砂糖を入れさえすれば、労働者たちは疲労から回復して、また長時間働くようになるからだ。工場主にとっては、最小限の出費で労働者を管理できたわけで、賃金を上げて労働意欲を高めるより、よほど効率的・経済的だった。

同様に、西インド諸島のプランテーションで働く黒人奴隷たちにとっても、サトウキビの搾《しぼ》りかすに含まれるわずかな糖分は、疲労回復の特効薬であり、搾りかすのわずかな甘味は、過酷な労働という現実を一時でも忘れさせてくれた。

一方、ヨーロッパの労働者たちも、「上流階級の味」である砂糖の甘みを愛し、もっと働いて賃金を得、そしてもっと多くの砂糖を購入し、心ゆくまで味わいたいと考えた。まさにこの点において、「安い賃金で労働者を長時間働かせたい」と考える工場主と、「砂糖を大量に摂取したい」という労働者の間で利害が一致したわけだ。

かくして、「砂糖入りの飲み物と砂糖入りの食べ物」の組み合わせ（例：紅茶とビスケット、コーヒーとジャム付きパン）が次々と開発されて、労働の合い間に提供されるようになり、それらは彼らの家庭にも入り込み、都市住民の食生活を根本から変えていくことになる。

イギリスの一般的家庭料理にプディングがあるが、それが広まったのもこの時期である。プディングは小麦や米から作られる伝統的料理だったが、食味が悪く不人気だった。しかし、砂糖で甘く味付けするようになってから、あっという間に「イギリス料理ナンバーワン」の地位にのぼりつめた。砂糖がプディングを、人気料理の地位に押し上げたのだ。

そして、そのプディングの成功を手本にしたかのように、当時の料理は一斉に、砂糖たっぷりのものに変化していった。

さらに当時は、「砂糖は栄養価が高い食品である」という考えが一般的であり、栄養不足は砂糖で補えばいいとする考えも広まっていた。当時のヨーロッパでは、砂糖は「健康食品」でもあったのだ。

7　糖質が労働の意味を変えた

「安いコストで高い生産性」を求める工場主が、休憩時間に砂糖たっぷりの紅茶を提供するのは、工場運営と生産のコストパフォーマンスから考えればベストの選択だったたし、労働者もそれを望んでいた。しかも、その砂糖が極めて廉価《れんか》で手に入り、おまけに〝栄養価の高い健康食品〟でもあったわけだから、「労働者の健康のために」砂糖入り紅茶を提供することは善行となる。

そして結果的に、嗜好品である砂糖（糖質）の持つ習慣性・中毒性が、労働者支配の手段として有効に作用したわけだ。

この「砂糖」を、同じ糖質である「米」に置き換えると、明暦の大火からの復興のために全国から集められた大工や職人の食事と労働の関係に、重なってくる。

江戸の大工や職人たちは、故郷では1日に2回の食事をしていて、米はほとんど食べていなかった。しかし、江戸には米がふんだんに溢《あふ》れていて、もっとも入手しやすい食料だった。村ではめったに口にできなかった米の美味《うま》さに驚き、江戸で働くことの幸福を、文字どおり噛みしめたはずだ。

米の飯は、塩辛いおかずと組み合わせると、至福の美味となる。一度でもその味を覚えてしまったら、もう昔ながらの雑穀や大根飯の生活に戻りたいとは誰も考えない。米の飯で生まれた空腹は、米の飯でなければ満たされないのだ。

一般に、雇用者側は労働者を、安い賃金で長時間働かせたいが、労働者側は、短時間労働で高い賃金を手にしたい。もちろん、両者の思惑は両立しない。

しかし、そこに砂糖や米を介在させると、労働者側の欲求をうまくすり替えることができる。嗜好品である糖質（＝米や砂糖）は労働者に麻薬的に作用し、賃金を得ることと糖質を得ることとの境目が曖昧《あいまい》になっていき、どちらが目的だったかがわからなくなってしまうからだ。

そうなると、労働者たちにとって、「働くために糖質を欲するのか、糖質が欲しくて働くのか」は区別も曖昧になってくる。そしてこれは、工場主や幕府にとって、もっとも好ましい状況といえる。米も砂糖も安い商品となったからだ。

19世紀のヨーロッパでは、砂糖を渇望して労働者が働き、日本では、米を食べるために職人たちが働いた。まさに、嗜好品である糖質にしかできないわざである。

その後、さまざまな嗜好品が支配の道具として使われた。第二次大戦では、多くの国で兵士の恐怖感を和らげる目的で、タバコを支給して喫煙を奨励したし、ベトナム戦争でアメリカ軍が兵士にマリファナを配給したことは有名だ。

Ⅵ　浮かび上がる「食物のカロリー数」をめぐる諸問題

（1）世にもあやしい「カロリー」という概念

1　糖質制限で痩せるメカニズム――脂肪の摂取が増えても痩せる

糖質制限をすると、ほとんどの人は面白いように体重が減り、お腹回りがスマートになっていく。しかも、カロリー制限もしていないのに、体重とウエストだけが減少していくのだ。

これはいったいどういうことなのだろうか。これは次のように考えると分かりやすい。

健常人の血液には、1リットルあたり1グラム（＝100㎎／dl）のブドウ糖が含まれている。体重60キロの男性の全血液量は4・2リットル前後だから、トータルで4・2グラムのブドウ糖が含まれていることになり、これは大きめの角砂糖1個分に相当する。

一方、人体のなかで、ブドウ糖の最大の消費地は脳である。他の組織や器官では、おもに脂肪酸をエネルギー源として使っているが、脳や網膜などでは、ブドウ糖とケトン体が唯一のエネルギー源である。脳は四六時中働いているから、血管のなかにはつねに、最低必要量のブドウ糖が流れていなければいけない。その量が100㎎／dl前後なのだろう。

では、脳が何かの原因で、大量のブドウ糖を消費した場合を考えてみよう。

この時、体はただちにブドウ糖を補充して、100㎎／dlのブドウ糖濃度を維持しようとするはずだ。それができなければ脳が停止してしまい、生命は維持できなくなるからだ。つまり、人間の体は、この「ブドウ糖濃度（血糖値）維持システム」を備えていなければ生きていけないことになる。

そして、この「血糖値維持システム」が使用しているブドウ糖は、食物に含まれるブドウ糖ではないことは明らかだ。脳がブドウ糖を大量消費した時に、手元につねに糖質を含む食べ物があるとは限らないからだ。ましてや、夜寝ている時にも血糖は消費されるが、この時には食事由来のブドウ糖はまったくあてにできないのだ。

つまり、人間の体に備わっている「血糖値維持システム」は、食事によらないシステムである、と推察できる。

これは、糖質をいっさい食べない肉食動物のことを考えればわかる。肉食動物の脳も、われわれ同様、ブドウ糖（とケトン体）しか使っていないからだ。つまり、肉食獣はすべて、「食事によらない血糖値維持システム」を備えているはずだ。

それでは、その血糖値維持に必要なブドウ糖はどこから供給されるかというと、「タンパク質からの糖新生《とうしんせい》」である（糖新生には別ルートもあるが、説明の都合上、単純化する）。

人体を例にとると、血糖値が低下すると、ただちにタンパク質の分解が始まり、ブドウ糖が作られる。これが糖新生だ。もちろん、タンパク質は人体を構成する重要な物質でもあるが、すべてのタンパク質が生命維持に必要というわけではなく、不要不急のタンパク質が、糖新生で消費される。

人体のブドウ糖源としては、もう一つ、肝臓や筋肉のグリコーゲンがあり、これを分解するとブドウ糖が得られるが、グリコーゲンの場合は備蓄量が少ないので、「四六時中血糖値を一定に保つ」には不向きだ。グリコーゲンはあくまでも緊急用備蓄である。

さて、糖質セイゲニストの場合には、食事からのブドウ糖の供給がないから、血糖の維持はすべて糖新生でまかなわなければいけない。つまり、糖質セイゲニストは「身（＝タンパク質）を削《けず》って、血糖値を一定に保つ」わけである。

さらに、物質を分解するには、エネルギー（ＡＴＰ）が必要だ。タンパク質を分解してブドウ糖を作るにはそれ相応のＡＴＰを調達しなければいけない。それは通常、脂肪細胞から遊離した脂肪酸でまかなわれている。脂肪酸がβ酸化されて細胞に入り、ミトコンドリアでエネルギー（ＡＴＰ）が生成され、そのＡＴＰを使って糖新生システムを動かしているのだ。

つまり、今までの流れをまとめると、「血糖値を維持するために、備蓄脂肪を分解してエネルギーを作り、そのエネルギーで備蓄タンパク質からブドウ糖を作る」ということになる。

糖質セイゲニストの場合、外部からのブドウ糖流入がないから、ブドウ糖不足が解消されるまで、脂肪とタンパク質が分解されることになる。これが、「糖質制限をすると痩せる」メカニズムだ。

逆に、糖質食をたっぷり摂取すると、必要以上のブドウ糖が体内に入ることになり、血糖値は１００㎎／dlという適正量を超えてしまい、糖新生は起こらない。さらに、血液中のブドウ糖が多くなると、血管にさまざまな障害が起こる。血液中のブドウ糖は生存に欠かせないものだが、多すぎると逆に毒になるわけだ（これを糖毒性《とうどくせい》という）。

だから、血糖値を速やかに正常値に戻さなければいけない。そのために、人体が選んだのは、「余ったブドウ糖を中性脂肪に変えて、脂肪細胞にストックする」という方式である。

だから、糖質を食べると脂肪細胞中の脂肪が増加し、その結果として体重が増え、ウエスト回りが肥大化してくるわけだ。これが糖質食で太るメカニズムである。

以上から、糖質制限をすると痩せてスマートになる理由がわかる。ようするに、糖質制限をすると、痩せるべくして痩せるのだ。

しかし、なぜカロリー制限をしなくてよいのだろうか。

糖質制限をすると、どうしても以前より脂肪摂取量が増えてしまい、その結果として摂取カロリー数は増えているはずだ。「摂取カロリーが多いから太る」という栄養学の基本中の基本からすれば、糖質制限をしてもカロリー制限をしなければ太るはずだ。

それなのに、なぜ痩せるのだろうか。私が食べた脂肪分のカロリーはどこに行ったのだろうか。私の知らないところで消費されたのだろうか。それとも虚空《こくう》に消えたのだろうか。

そこで、次項からは、食物のカロリー数とは何か、その算出方法には、そもそも科学的根拠があるのか、という点について論じ、さらに、さまざまな動物での食物に含まれるカロリーと、それから得られるカロリーが一致しないことをみていこうと思う。

2　三大栄養素のカロリー数

三大栄養素、つまり炭水化物（糖質）、タンパク質、脂質のカロリー数について、多くの人が知っているはずだ。先にもみたとおり、1グラムあたりで言えば、炭水化物とタンパク質が4キロカロリー、脂質が9キロカロリーだ。

だから、100グラムの炭水化物は400キロカロリーに相当するし、サラダ油100グラムは900キロカロリーになる。メタボ肥満者にはまず最初に「油のとりすぎに気をつけましょう」と指導するのは、油（脂質）はタンパク質や炭水化物の倍以上のカロリーを含んでいるからだ。

では、このカロリー数はどうやって測定されたのかを調べてみると、かなりインチキ臭いことが分かるのだ。

とりあえず、先人が「糖質は4キロカロリー」という数字を出した実験までさかのぼり、必要なら「カロリー」という概念を、先人が考案した時点まで戻って考え直す必要がある。

3　なぜ食物をカロリーで考えるようになったのか

食物とカロリーの関係を考えるには、17世紀後半にまでさかのぼらないといけない。それ以前から科学者たちは、物が燃える前とあとで、空気の組成が変化していることに気付いていたが、17世紀後半には、人間の吸気と呼気の気体の変化は、燃焼の前後の変化と同じではないかという仮説が提案された。

とはいっても、当時はまだ、「燃焼とはフロギストン（燃素）の放出である」という学説が主流だったこともあり、それ以上研究は進まなかったようだ。

しかし、1754年のジョセフ・ブラックによる二酸化炭素の発見、1774年のジョセフ・プリーストリーによる酸素の発見（じっさいにはその3年前にカール・ウィルヘルム・シェーレが発見したが、公に発表しなかった）から、燃焼という現象の本質が次第にわかり始める。

そして吸気と呼気の分析から、酸素が減少して二酸化炭素が増加することが発見され、呼吸とは体内での燃焼現象だ、という考えが生まれた。

さらに、運動量や運動強度に比例して、酸素消費量も増加することが確認されたことから、この考えは、確固たる事実として信じられるようになった。

その後、物理学で運動エネルギーや熱エネルギーや位置エネルギーなどの概念が確立し、エネルギーの総量は不変であるというエネルギー保存の法則（熱力学第一法則）が提唱される。他方で、細胞内での代謝メカニズムが次第に明らかにされ、ブドウ糖や脂質が分解される過程から、生体内エネルギーの共通通貨であるＡＴＰの存在が明らかになり、ＡＴＰ合成の過程もわかってきた。

これらの知識から、食べ物に含まれる栄養素が消化管でバラバラに分解・吸収され、細胞内でＡＴＰに変換され、それが体温という熱エネルギーや、筋肉の運動が生み出す運動エネルギーになり、あるいは、新たな器官を作るための材料になる、という仮説が提案されたわけである。

このような思考過程を経て、食べ物を熱量（カロリー）で計算する考えが生まれたようだ。これはようするに、「内燃機関における、投入した燃料と出力としての仕事量の関係」に近い解釈といえる。

4　カロリーの算出法

さて、三大栄養素（炭水化物〔糖質〕、タンパク質、脂質）や食品の熱量は、どのようにして測定されたのだろうか。

測定法は、１８８３年にルブネル（Rubner）という科学者が考案した方法が現在も使われていて、基本的な考え方は同じらしい。

計算式は、

〔食物の熱量〕＝〔食物を空気中で燃やして発生した熱量〕－〔同量の食物を食べて出た排泄物を燃やして発生した熱量〕

となり、これをさまざまな食物や各栄養素ごとに測定するわけだ。

具体的には、ボンブ熱量計（カロリーメーター）という機器のなかに、熱量を計りたい食品（もちろん乾燥させてある）と酸素を入れ、電熱線に電気を通して熱して燃やし、容器内の温度の上昇を測定し、それを熱量に換算することで、カロリー数は測定できる（ちなみに、1カロリーとは水1グラムの温度を1℃上げるのに必要なエネルギーである）。

このようにして得られた熱量を、保有エネルギーと呼び、タンパク質は5・56キロカロリー、糖質は4・1キロカロリー、脂質は9・45キロカロリー（いずれも1グラムあたり）という値が得られた。いわば「物理的燃焼熱」である。

しかし、たとえばタンパク質1グラムを食べたとして、5・56キロカロリーの熱エネルギーを摂取できるわけではない。栄養素ごとに体内代謝や消化吸収率が異なっているからだ。このあたりのことを精密に測定しようとすると、消化吸収率の個人差やその時々の体調も絡んでくるため、厳密に測定するのは現実的に不可能になる。

そこで「精密な値でなくてもいいから、概算値が得られる計算方法」が必要とされたわけだ。この目的に用いられているのが、「アトウォーター（Atwater）のエネルギー換算係数」だ。

この係数は、アトウォーター（1844〜1907）とルブネル（1854〜1932）の、「人間において、タンパク質、脂質、炭水化物の消化吸収率は、平均でそれぞれ92％、95％、97％であり、タンパク質については、一部が尿素や尿酸として尿中に排泄されることで、タンパク質1グラムあたり1・25キロカロリーの損失がある」という研究から算出されたものだ。

そして、上記のそれぞれの値にエネルギー換算係数をかけ、タンパク質4キロカロリー、脂質9キロカロリー、炭水化物4キロカロリー（それぞれ1グラムあたり）という数値が決まったようだ。

その後、炭水化物のなかに、人間が消化吸収できない（しにくい）成分である食物繊維の存在が明らかになったことから、腸内の分解効率も計算に入れた「修正アトウォーター係数」が使われるようになる。これによると、アルコール（エタノール）は7キロカロリー、有機酸は3キロカロリー、ソルビトールやキシリトールは3キロカロリー、デキストリンは1キロカロリーと、カロリー数（それぞれ1グラムあたり）が示されている。

私たちがふだん目にする食品や料理のカロリー数は、これらの数値を基に計算されたものらしい。

5　カロリー数への疑問

このような説明を読んで、何となく納得しにくいものを感じないだろうか。私の疑問点を列記すると次のようになる。

◇体温は最高でも、せいぜい40℃であり、この温度では、脂肪も炭水化物も「燃焼」しない。つまり、人体内部で食物が「燃えて」いるわけがない。
◇そもそも、細胞内の代謝と大気中の燃焼はまったく別の現象である。
◇各栄養素ごとの物理的燃焼熱は、少数点1～2桁《けた》の精度で求められているのに、エネルギー換算係数を掛けて得られた熱量はどれも「キリのいい整数」であり、数学的に考えると極めて不自然で恣意《しい》的だ。あえていえばうさんくさい。
◇動物界を見渡すと、食物に含まれるカロリー数以上のエネルギーを食物から得ている動物が多数存在する。

とりわけ、最初の2つの疑問は物理学、化学、生物学の絶対的真理を根拠とするものだ。つまり、「食物=カロリー」説が正しいとするなら、物理学や生物学の真理を否定するはめになってしまい、道理を引っこめて無理を通す形になってしまう。

もちろん、「科学の基本原理が間違っていて、こちらの説が正しい」と主張する学説は時折登場するが、一般的にはそれらはエセ科学と呼ばれている。

6　チューブワームの生き方――摂取カロリーゼロで生きる

深海の熱水噴出孔には、チューブワーム（和名：ハオリムシ）という生物がいる。文字どおりチューブ状の形態をしていて、最大で直径数㎝、長さ2メートルほどになるというから、かなり大きくなる生物である（日本近辺のチューブワームはこれより小さい）。

これが海面下数百メートルの、深海底の熱水が吹き出す岩の割れ目の周辺に群を作って生息している。

じつはこのチューブワームには、口も消化管も肛門もない。つまり、口がないので栄養物を自力で摂取することもできないし、消化管で栄養を吸収することもできないし、排泄することもない生物だ。その意味では摂取カロリーゼロである。

それなのになぜ、チューブワームは生きていけるのだろうか。

それは、体内に共生している硫黄酸化細菌（以下、硫黄バクテリア）が鍵を握っている。

硫黄バクテリアは、岩の割れ目から吹き出す熱水に含まれている硫化水素（もちろん、人間にとっては猛毒で致死《ちし》性のガスである）を分解することで、エネルギーを得て生きている。チューブワームは膨大な数の硫黄バクテリアを体内に住まわせて硫化水素を取り込み、硫黄バクテリアの作り出す栄養素とエネルギーの一部を分けてもらうことで生きているのだ。

チューブワーム
（写真提供／PPS通信社）

深海底の熱水噴出孔周囲には、チューブワーム以外にもシロウリガイやコシオリエビなどの生物が多数生きているが、いずれも硫黄バクテリアを体内に共生させて、硫黄バクテリアが作り出すエネルギーの一部を使って生きているようだ。

他方で、硫黄バクテリアは一方的に搾取《さくしゅ》されているのみかといえば、そうではない。チューブワームやシロウリガイの体内という、極めて安定した安全な環境に住むことができるので、硫黄バクテリアにとってもメリットは大きい。つまり、ウィン・ウィンの関係である。

硫黄バクテリアのおかげで、チューブワームは自力で食物を摂取する必要はない。体内にエネルギー生産工場を備えているようなものだから、あとは、工場で働く作業員（硫黄バクテリア）たちが気持ちよく働ける環境を作ってやり、彼らの栄養源である硫化水素が吹き出す場所に陣取《じんど》っているだけでいい。

自ら食べ物を食べるという方法論を否定しているのがチューブワームたちであり、彼らはこの生き方で、深海底で生き延びてきたのだ。

チューブワームの生態についてはまだよくわかっていないことが多いが、卵から孵《かえ》った幼生は成体と異なり、最初の3日前後は口があり、この3日間で、海水中の硫黄バクテリアを取り込んでいることがわかっている。

その後、口は退化してしまうので、チューブワームにとって勝負はわずか3日間であり、この期間に適切な硫黄バクテリアを飲み込めなかったら、死滅するのだろう。チューブワームの幼生がどのようにして硫黄バクテリアと出会い、それを飲み込むのかは、まったくの謎とされている。

そして驚くべきことに、チューブワームやシロウリガイは、太陽と無関係に生きている。

私たちはよく、「地球上のすべての生命は太陽の恵みで生きている」と考えるが、それは、植物が太陽光を浴びて光合成を行なって生長し、それを草食動物が食べ、草食動物を肉食動物が食べているからだ。

つまり、食物連鎖の発端は太陽光線であり、草食哺乳類も肉食哺乳類も、「形を変えた太陽光」を食べているわけだ。だから、太陽が活動を停止したら「太陽光を食べている」地上の全生命体はただちに絶滅する。

ところが、太陽が活動停止してもずっと生活できる生物がいる。それが硫黄バクテリアやチューブワームだ。彼らが栄養源としているのは、地球のマグマに含まれる硫黄であり、マグマ活動を生みだす地球の中心核から発せられる熱なのだ。

だから彼らは、太陽が輝きを止めたとしても、当分の間は平穏無事に暮らしていける。数十億年後には地球の中心核も冷えてしまうが、それまでは安泰な生活だろう。

チューブワームが成長の糧《かて》とする硫化水素は、地球のマグマがもたらしたものだ。マグマに含まれる硫化水素を、硫黄バクテリアが硫酸イオンと水素イオンに分解し、それぞれの結合エネルギーの差からＡＴＰを産生し、その過程でできる代謝産物を、宿主であるチューブワームが得て成長するわけである。その結果生じた硫酸イオンと水素イオンは、周辺の海水に溶け込んでいく。

では、チューブワームが成長した分、地球から硫黄分子が減っているかというと、そういうことはない。地球全体の硫黄原子の数に変化はなく（宇宙空間に硫黄が逃げていかないかぎり、地球の全硫黄原子量に変化はない）、硫化水素や硫酸イオンに姿を変えて、グルグルと循環しているだけだ。

つまり、チューブワームはマグマから発生する硫化水素によって成長しているが、チューブワームが成長した分、地球の質量が減っているわけではなく、チューブワームが大繁殖する事態になったとしても、地球に存在する硫黄原子が減るわけではない。

このように考えるとわかるが、チューブワームの成長に関するエネルギーと物質の収支について考えるなら、地球全体の物質とエネルギーの循環という視点が必要になるのである。

では、チューブワームの生存の鍵を握るもう一つの要素、マグマ活動をもたらす地球内部の熱はどこからくるのだろうか。これまでの研究では、次の3つが主なものとされている。

①地球生成時に微惑星や岩石が持っていた運動エネルギー
②ウラン、トリウムなどの天然放射性元素の自然崩壊による熱
③マントルの重金属（鉄、ニッケル、銅）が地球の核に移動する際の摩擦熱

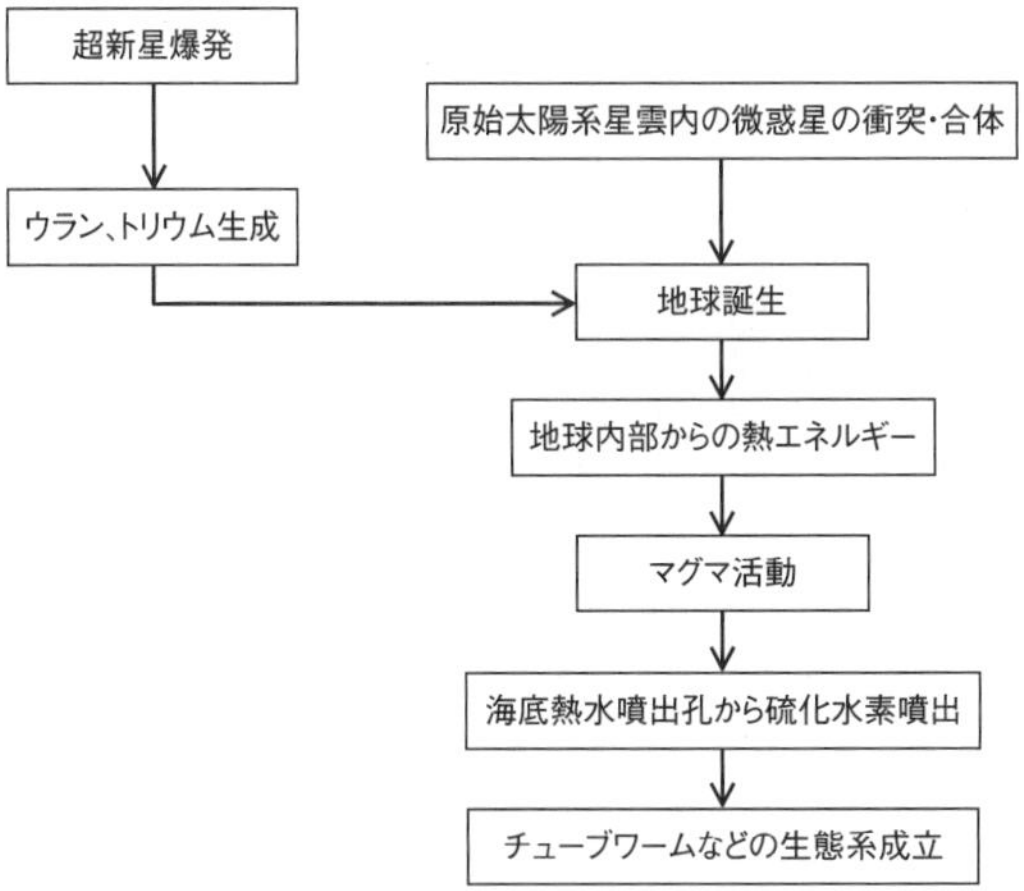

図4　チューブワームが生きるためのエネルギーはどこからくるのか

最近のニュートリノの観測では、①が半分、残りの多くが②であることがわかっている。①の微惑星などが生成されるのは太陽系が形成される過程であり、その元をたどれば、天の川銀河を漂う星間物質である。

一方の②のウランやトリウムなどの重い元素は、太陽の8倍以上の質量を持つ恒星が超新星爆発を起こした場合にのみ生成されることがわかっている。

つまり、地球内部に取り込まれて熱（崩壊熱という）を発しているウランやトリウムは、超新星爆発で宇宙空間に飛び散ったウラン原子・トリウム原子が、誕生直後の地球に取り込まれたものだろう（図4）。

ようするに、チューブワームたちの生命を支えているエネルギー源は、一つは天の川銀河の星間物質であり、もう一つは太陽系誕生前に起きた超新星爆発だ。彼らは太陽系誕生以前からの天の川銀河内の連綿たる物質循環・エネルギー循環を、生存のためのエネルギーとして利用している生物なのである。その結果、彼らは摂取カロリーという概念すら通用しない生き方を編み出したのだ。

100億年の壮大な物語を背景に持つ生物が群をなして深海底に生きていると考えるだけで、せせこましい日常をちょっとだけ忘れることができる。

(2) 哺乳類はどのようにエネルギーを得ているのか

1 ウシの摂取カロリーはほぼゼロ?

チューブワームというと、私たちの日常生活からかけ離れた環境に住んでいるが、私たちの生活圏内で生きている動物にも「摂取カロリーほとんどゼロ」の動物がいる。ウシなどの偶蹄目《ぐうていもく》の反芻《はんすう》動物だ。

反芻動物は、植物食に最高度に適応した哺乳類であり、葉や茎のみを食べて生命を維持できる。

植物細胞の成分を見ると、70％が水分であり、その他の成分が30％である。一般に、植物体乾燥重量の3分の1〜2分の1をセルロース（＝多数のブドウ糖分子が結合してできた高分子）が占めているので、固形成分の半分はセルロースだ。

つまり、ウシの食事の成分の多くはセルロースである。

ところが、ウシはセルロースを消化も吸収もできないのである（それどころか、自前の消化酵素でセルロースを分解できる動物は昆虫を含め一種類もいない）。消化も吸収もできないということは、「摂取カロリー・ゼロ」である。

それなのに、ウシは牧草のみを食べて日々成長し、500kgを超す巨体となり、毎日大量の牛乳を分泌する。これはどう考えても、エネルギー保存則に反するように見える。

この謎を解く鍵も、共生微生物（細菌と原生動物）だ。

チューブワーム体内の硫黄バクテリアが、チューブワームの生存と成長を支えていたように、ウシ消化管内の共生微生物が、セルロースを分解して栄養を作り出し、宿主のウシはその一部を受け取って成長するのだ。

つまり、ウシが食べる牧草は、ウシ自身のためではなく、共生微生物のためのものなのだ。

牛は4つの胃を持つ。焼肉屋のメニューでいえば、ミノ（第1の胃）、ハチノス（第2の胃）、センマイ（第3の胃）、ギアラ（第4の胃）である（ちなみにギアラは関東での呼び方。関西では赤センマイ）。

セルロースの分解が行なわれるのは最初の3つの胃で、それぞれに多種類の膨大な微生物が住み着いている。そして、最初の3つの胃では胃酸は分泌されておらず、胃酸が分泌されるのは4番目のギアラ（赤センマイ）のみである。

ウシが食べた牧草は、口から第1の胃であるミノに入る。ミノでは、セルロース分解微生物の作用で一部が分解され、流動状態になったものが第2の胃のハチノスに送られ、固形成分は再度口腔内に戻して咀嚼《そしやく》する。これが反芻だ。

そしてハチノス（第2）、センマイ（第3）に送られて、さらにセルロースは微生物に分解され、その結果、センマイではほぼブドウ糖となる。共生微生物は、このブドウ糖を嫌気《けんき》発酵し、代謝産物として各種脂肪酸やアミノ酸を体外に分泌する。そして、これらと共生微生物の混合物が、第4の胃であるギアラ（赤センマイ）に送られる。

第4の胃では、初めて胃酸が分泌され、共生微生物の体（細胞内に豊富なタンパク質や脂質を含んでいる）が胃酸で分解され、共生微生物が産生したアミノ酸や脂肪酸と一緒に吸収される。ウシ自身にとっては栄養価ゼロの牧草が、共生微生物によって栄養の固まりに変身したのだ。それを栄養分とするから、ウシは500kgを超える巨体となり、大量の牛乳を分泌できるのだ。

さらにウシは、他の動物が老廃物として捨てる尿素まで、共生細菌を利用して再利用している。ウシは唾液《だえき》腺や3つの胃からは尿素を分泌し、胃の共生細菌は尿素を窒素源としてタンパク質を合成し、ウシはそのタンパク質まで吸収するのだ。無駄を徹底的に省いた見事なシステムである。

このあたりは、自前でセルロース消化酵素を作るほうが安上がりか、セルロース分解菌を利用するほうが安上がりか、という計算問題なのだろう。

ウシは後者の道を選んだが、これがじつに安上がりのシステムだったのだ。何しろウシが用意しなければいけないのは、せいぜい「すり潰《つぶ》すメカニズム（臼歯《きゅうし》と顎関節《がくかんせつ》の動き）」だけだからである。あとは3つの胃袋の微生物たちが、勝手にセルロースを分解してくれるのだから、自分自身は4番目の胃袋に胃酸を分泌するだけでいい。

つまり、自前で消化酵素を作る必要がほとんどないため、酵素を作るためのエネルギーはわずかですむ。

この生き方のコストパフォーマンスが抜群であることは、草食動物の中でウシ目が最大勢力をほこっているという事実が証明している。

ちなみに、反芻動物はどうしても、体が大きいほうが有利となる。体内に発酵槽《はっこうそう》を持つ以上、得られるエネルギーは発酵槽のサイズ（＝第1〜第3の胃）で決まり、体長が2倍になれば胃袋の容積は2の3乗で8倍になるからだ。

一方、体内から外気に逃げていく熱量は体表面積に比例し、面積は体長の2乗に比例するから、4倍にしかならない。つまり、体が大きいほど効率がいいわけだ。

このような「複数の胃袋システム」を採用した動物には、ヤギやヒツジ、カバなどがいるが、ヤギより小さなものはほとんどいないようだ。おそらく、これより小型になると、発酵槽で得られるエネルギーより、体表面から失われるエネルギーのほうが大きくなるためかもしれない。

2　ウマの生き方

草食動物としてのウシの完成度に比べると、ウマの草食生活はまだ無駄が多い。

ウマは胃袋が一つしかない代わりに巨大な結腸を持っていて、ここに膨大な数の腸内細菌を共生させている。前述のウシは「植物をまず共生細菌が利用し、その後、細菌が産み出した栄養をウシが吸収」という方式だったが、ウマの場合は「まずウマが胃で消化吸収し、その残りを結腸の共生細菌が利用する」という方式である。

似たようなものだと思われるかもしれないが、決定的な違いは、ウシは共生細菌からタンパク質を得ているが、ウマは細菌のタンパク質を得ることができない点にある。

ウシの場合には、第4の胃で胃酸（＝消化酵素）を分泌して、共生細菌の菌体を消化してタンパク質を吸収したが、ウマの場合には共生細菌の菌体を消化する部分がないために、それを糞《ふん》として排泄するしかないのだ。

ウマが利用できる「共生細菌由来の栄養」は、せいぜい低級脂肪酸（酢酸《さくさん》、酪酸《らくさん》、プロピオン酸など）に過ぎず、これらを吸収してエネルギー源として利用している。だから、ウマは草だけでは生きられず、穀物や芋類、マメ科植物を食べる必要があり、それらは自前で作った消化酵素で消化吸収するしかない。

つまり、ウシは「摂取カロリーゼロでも生きられる」動物だったが、ウマは、「摂取カロリーがある程度ないと生きていけない」動物なのだ。言いかえれば、ウシは「消化酵素を作る必要がほとんどない草食動物」、ウマは「消化酵素を作らないと生きていけない草食動物」である。

ウマと似た消化管構造を持つ草食哺乳類に、ウサギがいる。ウマは結腸が長大だったが、ウサギは盲腸が発達し、ここにやはり共生細菌を多数生息させている。そして、ウマと同様に、栄養たっぷりの共生細菌の菌体成分を糞として体外に捨てている点は同じだが、ウサギの場合には、その栄養の塊である糞をもう一度食べることで、効率的に栄養を得ている。これを糞食《ふんしょく》と呼ぶが、この方式のおかげで、ウサギは草しか食べない動物としては異例の小さい体で生きていけるのだ。しかも、ウサギは地球のいたるところで大繁殖しているが、これは「体が小さいのに草だけで生きていける」という、他の草食動物にない特殊能力を持っているからだろう。

コアラもウサギ同様、巨大な盲腸を持っていて、ここでユーカリの葉を発酵させることでユーカリの葉に含まれる有毒成分を無毒化し、さらにウサギのように糞食も行なっている。しかし、ウサギのような高効率のエネルギー摂取はできていないようで、摂取エネルギーの低さを補うために、1日のうち20時間は眠っているし、覚醒時でも動作が緩慢《かんまん》である。

ちなみに、草食哺乳類の進化の歴史をみると、まず最初に、結腸や盲腸などの下部消化管の共生細菌によるセルロース分解をする動物が出現し、その後、上部消化管（＝胃）を発酵槽とする動物が登場したことがわかっている。

現在、ウシ科の動物には、ブラックバック亜科、ウシ亜科、ヤギ亜科、ダイカー亜科、ブルーバック亜科の5つの亜科があり、それぞれの亜科がいくつもの属を従える動物界の一大勢力であるが、ウマ亜科に含まれる属は、ウマ属一つのみである。つまりウシ科が圧倒的に多い。

これは「食物からエネルギーを取り出す効率の差」と考えていいと思う。

さらに興味深いのは、ウシのように上部消化管（＝胃）でセルロースを分解する共生細菌と、ウマのように下部消化管（＝結腸、盲腸）で分解するタイプの共生細菌で、共通する細菌が見つかっていることだ。これはいったい何を意味しているのだろうか。

この現象について私流に解釈すれば、細菌にとっては、生存できる条件（＝pHや酸素濃度など）が満たされ、同時に、宿主がセルロースを食べてくれれば、そこがウマの結腸であるかウシの胃であるかは問題ではない、ということだろう。

この問題については、後ほど「草食パンダの誕生」の項目で再度取り上げることにする。

3　肉食哺乳類の生き方

ここまで、2種類の草食動物の消化吸収システムを見てきたが、いずれもかなり大がかりで手の込んだものであり、食べてから栄養となるまで、複雑な過程を必要とするものだった。

なぜこうなったかというと、食材としての植物には、大きな問題があるからだ。

食物を摂取する目的の一つは、生きるためのエネルギー源を得ることであり、もう一つは身体を維持するための材料を得ることだ。

生物の体は変化していないように見えるが、じつは組織レベル、細胞レベル、分子レベルでみると、目まぐるしいスピードで分解と合成が起きている。皮膚や腸管上皮は、古い組織が脱落して新しいものと入れ替わっているし、骨の内部でも、破骨《はこつ》細胞が骨組織を破壊する一方で、造骨細胞が新しい骨組織を作っていく。

	食糧としての動物	食糧としての植物
食糧の入手の難易	困　難	容　易
動物の体を構成する成分	多　い	少ない
消化吸収するメカニズム	シンプルでいい	複　雑
腸内細菌との共生	あまり必要としない	絶対に必要

図5　食糧としての動物と植物の違い

このような変化は、あらゆる組織や細胞に見られる現象で、脂肪組織の脂肪ですら、ひっきりなしに分解と合成が起きているのだ。これは「動的平衡」と呼ばれる、生命体のもっとも基本的な現象である。ようするに、古くなって壊れてからでは遅いので、壊れる前に壊して新品と入れ替えるのだ。そのためには、「身体を作る素材」を摂取しなければいけない。

では、「身体を作る素材」とはどういうものがいいだろうか。

たとえば、人体を構成する物質は水分（60〜70％）、タンパク質（15〜20％）、脂質（13〜20％）、ミネラル（5％）、糖質（1％）という比率である。これを食物から摂取するのだから、タンパク質と脂質が豊富なものでなければならない。

そういう観点から、動物の体と植物の体をみてみると、図5のようになる。

植物の体（葉、枝、幹、花、根など）には、一般にタンパク質と脂質は少なく、タンパク質が含まれていても、アミノ酸の組成は動物の体のアミノ酸とは異なっている。つまり、植物を食べたとしても、その成分から動物の体は直接作れないことになる。

草食動物が植物を食べて体を維持するためには、植物に含まれる物質を、なんとかして動物の体用の成分に作り変えなければいけない。草食動物の場合、その作業は消化管の共生細菌や微生物が行なっていたわけだ。

だから、あれほど大掛かりで手の込んだ消化管が必要だったのだ。植物は大量に生えていて動かないため、食物として摂取するのは極めて簡単だが、それで体を作るとなると、大変なのである。

一方、「動物の身体を作る素材」として、動物の身体は理想的だ。必要な物質はすべて過不足なくそろっている（何しろ動物の身体だから）。タンパク質と脂質を多く含み、しかもタンパク質は「動物の身体」が必要とするアミノ酸で構成されている。つまり、動物の身体を作る素材を摂取するなら、肉食（＝動物を捕らえて食べる）がベストなのである。

これは、消化管の常在菌を見ても明らかだ。

肉食哺乳類と草食哺乳類の消化管常在菌を比較すると、肉食哺乳類の腸は、「常在菌の数が少なく、細菌の種類も少ない」のが特徴だ。これはようするに、動物の体を食べれば、自前の消化酵素でも簡単に消化吸収できることを意味している。

草食哺乳類は、消化管常在菌との共生が必須だったが、肉食哺乳類では、その必要性ははるかに低いのだ。当然、消化管の構造もシンプルでいいし、腸管の長さも短くていい。

消化管が短くなれば、体もその分軽くなり、俊敏な動きができて、狩りに有利になる。獲物の動物を捕らえるのは確かに大変だが、いったん捕らえて食べてしまえば、すぐに消化吸収できて、手軽に「身体を作る素材」を手に入れることができる。

ようするに、肉食動物と草食動物の違いとは、食糧を手に入れる段階で苦労するか、食糧からエネルギーと身体を作る材料を手に入れる段階で苦労するかの違い、と言えるかもしれない。

4　雑食哺乳類の腸管と共生細菌

では、ヒトの場合はどうだろうか。われわれは、肉や魚も食べれば野菜も木の実も食べる雑食哺乳類であるが、消化管の構造を見るかぎり、本来は肉食だったと考えざるをえないようだ。植物を主な食料としている哺乳類はどれも、消化管の一部が著しく大きくなるという共通点を持っているが、人間の消化管にはそのような変化は見られないからである。

つまり、人体の消化管を眺めると、胃も結腸も盲腸も拡大している部分はなく、一般的に言えば完全ベジタリアン生活には適さない消化管構造といえる。

逆に、同じ霊長類でも、マウンテンゴリラやオランウータンは基本的に草食である。前者の主食はツルイラクサのツルであり（つまり、ゴリラの主食はバナナというのは誤り）、後者の主食は樹木の樹皮である。

そのため、マウンテンゴリラは巨大な結腸を持っている（オランウータンの消化管構造については、残念ながら資料を見つけられなかった）。野生のゴリラは基本的にあまり移動を好まない動物で、主食のツルが大量に生えている場所から動かずに食べ続ける生活らしい。ゴリラは結腸発酵型草食動物の宿命として、主食から得られるエネルギー量が充分でないため、動かずに食べ続ける生活様式を選んだのだろう。

話を人間の消化管に戻すと、人間の下部消化管（大腸）には数百種類、１００兆個の腸内細菌が生息している。人間の体細胞の数がおよそ60兆個だから、数の上では体細胞より腸内細菌のほうがはるかに多いわけだ。

とはいえもちろん、細菌の平均サイズは1ミクロンで、人間の細胞よりはるかに小さいため、100兆個の細菌をすべて集めても、せいぜい1・5kg程度である。

ちなみに、人間の糞便の重量の半分以上は腸内細菌であり、これは前述の「食物のカロリー測定法」（〔食物の熱量〕＝〔食物を空気中で燃やして発生した熱量〕－〔同量の食物を食べて出た排泄物を燃やして発生した熱量〕）が、最初の前提からして間違っていることがわかる。糞便の半分以上が、食物と無関係の腸内細菌なのだから、いくら精密に発生熱量を測定したところで、正確な値が得られるわけがないのである。

そして、大腸の腸内細菌は、ヒト（＝宿主）の生存に極めて重要な役割を果たしている。一つは、外部から侵入した病原菌の増殖抑制と排除機能であり、もう一つは、栄養産生機能であるが、ここでは後者について説明しよう。

たとえば、腸内細菌はビタミンKも産生しているため、成人では腸内細菌からの供給で、必要十分量のビタミンKを得ることができる（つまり、食事からビタミンKを摂取する必要はない）。同様に、掌蹠《しょうせき》膿疱症《のうほうしょう》の治療で注目されているビタミンB_7（ビオチン）も腸内細菌から供給されているため、通常は欠乏症は発生しないとされているし、ビタミンB_6（ピリドキシン)、ビタミンB_3(ナイアシン)、ビタミンB_9(葉酸)も、腸内細菌が産生している。同様に、腸内細菌は短鎖脂肪酸も生成していて、人間はそれを吸収して栄養にしている。

これらの事実から、[人間が食べ物として摂取した栄養素・カロリー数]と[人間が腸管から吸収して得ている栄養素・カロリー数]は一致していないことがわかるし、少なくとも短鎖脂肪酸に関するかぎり、たとえ経口摂取量をゼロにしても、人間が消化管から吸収する短鎖脂肪酸の量はゼロにはならないことになる。

このように、草食動物、肉食動物、雑食動物を俯瞰《ふかん》してみてみると、草食動物は、複雑な構造の巨大な消化管が必要だが、自前で作らないといけない消化酵素は少数で済む。

一方、肉食動物は、消化管の構造そのものは単純だが、獲物を捕らえるための強力な運動器を備える必要が生じる。

雑食動物は、食べられる食物の種類が多いので、環境の変化に対応できるが、食物の種類が増えるに従って、消化管の構造は肉食動物より複雑になるし、自前で準備しないといけない消化酵素の種類も増えてくる。

ようするに、どこかをシンプルに抑えようとすると、別のところが複雑化するという、一種のトレードオフのような関係になっていると思われる。

（3）低栄養状態で生きる動物のナゾ

1　食べない人々

ここまでみてきたように、草食哺乳類は、摂取した食料に含まれるカロリーと栄養素以上のものを、消化管内の共生細菌から得て生きている。

だから、完全草食で生きようとするなら、セルロース分解菌との共生が絶対に必要だし、それに特化した消化管も必要であり、人類の消化管では完全草食は不可能なはずだ。

しかし、食の問題について資料を集めていくと、どうしても、「それほど食べていない／ほとんど食べていないのに、普通に生活している」人がいるという事実にぶつかってしまうのだ。

たとえば『「食べること、やめました」』（マキノ出版）の著者の森美智代さんは、「1日に青汁を丼に1杯だけ」という食生活で、13年以上も健康に暮らしていらっしゃるし（ちなみに摂取する青汁の量が多いとすぐに太ってしまうそうだ)、『ほとんど食べずに生きる人』(三五館)の著者の柴田年彦さんも、1日500キロカロリーの摂取のみで1年間、健康を維持できたことをルポしている。

同様に、比叡山延暦寺の千日回峰行《せんにちかいほうぎょう》も、栄養学的には自殺行為としか思えないものだ。千日回峰行とは、「1千日にわたり、食事は蕎麦かうどん1杯、ゴマ豆腐半丁、ジャガイモの塩蒸し2個を1日2回食べるのみ。1日30〜80㎞を走破し、700日以後に9日間の断食・断水・断眠を行う」という凄《すさ》まじい荒行である。

これは平安時代の僧の相応《そうおう》が始めたとされるが、1100年間で、達成者はわずか47名(うち3名は2回達成)という至難の修行である。

科学的に考えると、これらの人々は絶対に死んでいるはずだし、生きていたとしても、骨と皮の寝たきり状態になってもらわないと、栄養学の専門家が困ってしまう。千日回峰行は毎日、フルマラソンの全コースを走破しているようなものだが、フルマラソンを4時間で完走するだけで2400キロカロリーが消費されるのだ。ましてや、1日80㎞を踏破するとなったら、必要カロリー数は2400キロカロリーどころではないはずだ。

千日回峰行を行なう僧の運動量の消費カロリーと、食事から得られるカロリーを計算すると、５００～６００日で体重がゼロになってもらわないと困るし、そうでなければ生理学が崩壊してしまう。

このような常識はずれの現象をつきつけられた時、大多数の反応は次のようなものだろうし、以前の私も同様に捉えていたと思う。

◇これはごく少数の特異例にたまたま起きた例外的奇跡である。
◇人が見ていないところで本当は食べているんじゃないの？
◇これは超能力と同じで、手品、トリックのたぐいに決まっている。

だが、これまでに説明してきた知識を駆使すると、不可能でもインチキでもない可能性が浮かび上がってくる。

２　肉食獣パンダがタケを食べた日

人間が青汁だけ、あるいは極端な低栄養状態で生きているという現象を考える手がかりとして、肉食哺乳類が草食哺乳類に変化した例を取り上げてみよう。

それがパンダだ。

パンダがもともとは肉食だったことは、腸管の構造からほぼ確実とされている。しかし、何らかの原因で、本来の生息地を追われて高緯度地域に移動し（人類の祖先がパンダ本来の生息地に侵入して、パンダを追い出したという説が有力）、そこでタケやササという新たな食料に適応したとされている。高緯度地域にはエサとなる動物が少ないため、動物以外のものを食物にするしかなかったからだ。

しかし、他の哺乳類同様、パンダはタケ（＝セルロース）を分解する酵素を持っていないため、以前から「タケを消化することができないのになぜ、タケだけ食べて生きていけるのか」は長らく謎とされてきた。

その謎が解明されたのはここ数年のことだ。パンダの消化管内から、他の草食動物の腸管内に生息しているのと同じセルロース分解菌が発見され、タケ食で生きていけるメカニズムが解明されたのだ。

ちなみに、パンダの腸管内の細菌のうち、13種は、すでに知られているセルロース分解細菌であるが、7種はパンダに特有の細菌と報告されている。

しかし、本来肉食である動物が、タケのみを食べる生活に簡単に切り替えられるのだろうか。肉食動物の腸管に、肉食動物とは無縁のセルロース分解菌が、そんなに都合よく住み着いてくれるものだろうか。

こういうことを考える時、私たちはともすれば「進化とは数万年、数十万年かけて起こるものだ。パンダだって数万年かけてタケのみを食べる生活に適応したのだろう」と考えがちだ。

だが、人間に追われて高緯度地域に避難したパンダにとって、今日明日、食物にありつけるかどうかは生死を分ける問題なのだ。何かを食べて栄養をとらなければ、数日後には確実に餓死するしかないのだ。数万年かけてタケ食に適応すればいい、というのは机上の空論で、獲物を見つけられない肉食パンダにとっては、数日以内にタケを食べて栄養を得なければ死が待っているのだ。

しかし、肉しか食べていなかったパンダがタケを食べたところで、それを消化も吸収もできず、これまた死を免《まぬが》れることはできない。

3　細菌は地球に遍在する

地球は細菌の王国である。成層圏から、地下10kmの岩石中にまで、さらに深海底にいたるまで、細菌が存在しないところはない。ようするに、動物のあらゆる生活環境に細菌は遍在している。

だから、野生動物がエサを食べる際に、エサには必ず細菌が付着しているし、動物はエサとともに細菌を飲み込んでいることになる。野生動物が、食物とそれに付着している1ミクロンの細菌を分離することは、原理的に不可能なのだ。

もちろん、動物のほうも「エサと一緒に細菌を食べてしまう」問題には対策を講じている。口から入った細菌の大半は胃の胃酸で分解されるし、そこをくぐり抜けて小腸に到達しても、細菌の増殖阻止作用を持つ胆汁《たんじゅう》という強敵が待ち受けている。

ようするに、食物に付着して細菌が侵入する危険性は想定の範囲内で、動物は最初から多重バリアを準備しているのだ。

しかも、多重バリアを突破して大腸に到達できたとしても、大腸にはすでに、腸管常在菌がびっしりと住み着いて、高度に組織化された生態系を作っている。新参者の外来細菌が入り込もうとしても、すき間すら残っていない。

また、腸管常在菌は互いにネットワークを作っていて、外来菌、とくに宿主に病気を起こす病原菌の侵入に対しては、一致団結してそれを排除しようとする。腸管常在菌にとっては、腸管は唯一生存できる環境だから、宿主に害をなす細菌は敵であり、彼らは必死になって人間の健康を守ろうとするのだ。

だから、口から入ってきた細菌はほとんど排除され、体内に定着することはない。

しかし、それでも、細菌は食物を介して次々と入ってきて、一部は確実に大腸に到達している。腸内常在菌たちが外来菌排除機能を持っていることが、なによりの証拠だ。外来菌が口から入ってこなければ、そもそも排除機能を維持する必要はないからだ。

4　草食パンダの誕生

ここで、人間にすみかを追われ、高緯度地域にたどり着いたパンダに話を戻す。

その地域には、これまでパンダがエサとしてきたような動物は少なく、肉食を続けることは不可能だった。何日間も絶食状態が続いたパンダはそこで、生えているタケやササを口にしたのだろう。

もちろん、パンダはセルロースを分解できるわけではなく、タケをいくらたくさん食べても、栄養にはならない。

だが、その地に草食動物がいるかぎり、セルロース分解菌は必ず存在する。草食動物の消化管内にいる常在菌（＝セルロース分解菌）で、排泄物と一緒に外に出てしまった細菌だ。

これらの細菌は当然、タケの表面にも付着していて、パンダはタケとともに、これらの細菌も摂取する。そのうちの大部分の細菌は、胃酸で消化されてしまうだろうが、一部の菌は生きたまま、タケの破片とともにパンダの大腸に運ばれる。

ここで、パンダの大腸に到達したセルロース分解菌の身になって考えてみよう。

細菌は、温度や酸素濃度などが生息条件から大きく外れていなければ、水と微量の栄養分で生存・増殖できる生物である。つまり、セルロース分解菌の側からすると、パンダの大腸も、その他の草食動物の大腸も、環境的には違いはわずかだ。それこそ、タケの葉の表面に比べたら「住み慣れた環境」といっていいくらいだろう。あとはパンダがタケやササを食べてくれるのを待つだけだ。

また、前述のように肉食動物の腸内細菌は、草食動物の腸内細菌に比べると圧倒的に数も種類も少ない。肉食動物はそもそも、腸管内共生細菌に消化や栄養素付加を委《ゆだ》ねている部分が少なく、常在菌の数も種類も多数は必要としないからだ。これは肉食時代のパンダも同様だったと考えられる。

おまけに、本来のすみかを追われたパンダは、エサを捕ることができず、絶食状態が続いていたから、腸内細菌は極限状態まで少なくなっていたはずだ。

つまり、新参者のセルロース分解菌にとっては、競合相手が極端に少ない状態だ。これなら、パンダの腸管内でも、セルロース分解菌は生息域を拡大できるはずだ。

そして、セルロース分解菌にとっても、パンダの腸管に潜《もぐ》り込めたのは幸運だったはずだ。何しろ彼らは「哺乳類の腸管」でしか生きていけない生物であり、自然界に放り出されたら死滅するしかないからだ。腸管常在菌は基本的に嫌気性菌であるが、腸管の外の世界は酸素でいっぱいだからだ。

つまり、腸管以外の環境は、彼らにとって不毛の荒野であり、潜り込めさえすれば、ウマの腸管だろうが羊の腸管だろうが、パンダの腸管だろうが人間の腸管だろうが、変わりはないはずだ。競合する細菌が少なく、宿主が植物を食べてよく噛んで飲み込んでくれさえすれば、そこでコロニーを作れるチャンスがある。

そして、肉食獣パンダの大腸に、噛み砕かれたタケとともに到達したセルロース分解菌は、それまでしてきたようにセルロースの分解を始め、短鎖脂肪酸やビタミンを分泌し始める。彼らにとっては、日常が戻ったようなものだ。

そしてそれらは、パンダの栄養源となった。新たなすみかでも肉食の習慣を捨てようとしなかったパンダは滅び、タケやササという未知の食物を口にしたもののみが、生き延びることができたと想像される。

もちろんタケやササだけ食べているパンダは、タンパク質(アミノ酸)をどこから調達しているのかという疑問が残る。残念ながら、現時点でのパンダに関する研究ではこの謎を解き明かしてくれるものはなく、今後の研究を待ちたいと思う。

いずれにしても、肉食パンダが短期間に草食パンダに変身したことは事実である。しかも、その変身は1週間程度の短い日数でなしとげられたはずだ。食を絶たれた肉食パンダが生きられるのはそのくらいが限界だからだ。この変化が現実に起きたのであれば、他の動物に起きても不思議はない。

5　1日青汁1杯の謎解き

前述の「1日に青汁1杯」の森さんの著書によると、「腸内細菌叢《そう》を調べてみると人間離れしており草食動物の牛のそれに近い」とある。パンダの例を見てもわかるように、森さんが、青汁（＝粉末化されたセルロース）だけでなく、セルロース分解菌も一緒に飲み込んだか、あるいは人間の腸管にわずかに存在するセルロース分解菌が、森さんの腸管内で優勢種となったと考えれば説明が付く。

じっさい、人間の結腸内の腸内細菌には、セルロース分解能を持つものがわずかながらいて、粉末状にしたセルロースを服用すると、100％近い効率でセルロースを利用できる、という研究もあるようだ。

森さんはまず最初に、病気治療のために絶食療法をされたようだ。この期間に大腸内は貧栄養状態となり、腸内常在菌の数も種類も減少する。

そこで青汁を飲む。この時、経口的にセルロース分解菌が入るか、腸管内のセルロース分解菌が残っていれば、奇跡が起こる。粉末状のセルロースは、セルロース分解菌にとって最適の栄養源だからだ。

おまけに、この大腸には他の細菌は少ないし、しかも彼らは貧栄養状態で青息吐息《あおいきといき》だ。そんななかで宿主は青汁のみを摂取してくれるのである。これはセルロース分解菌にとっては天国のような環境といえるだろう。

このようにシミュレートしてみると、①最初に絶食・断食していたこと、②その後に青汁単独食にしたことが、その後の「青汁のみ生活」を可能にしたと考えることができる。

なかでも、前もって絶食・断食していたことが重要だったはずだ。いきなり青汁単独摂取を始めたとしても、セルロース分解菌が他の腸内細菌を圧倒して優勢種に切り替わるには時間がかかるだろうし、その切り替え時間の間は宿主（＝人間）は貧栄養状態であり、ほとんどの場合は宿主がダウンしてしまうからだ。しかし、事前に絶食状態にしておくと、体は糖新生と脂肪酸分解のみで維持されて、貧栄養状態でもしばらく生きられる。その間に、セルロース単独代謝系をゆっくりと完成させればいい。

では、千日回峰行の食事の場合はどうだろうか。おそらくこの場合も、千日回峰行に入る前の食生活が鍵を握っていると思われる。つまり、行本番に入る前に、断食するか食事量を減らして貧栄養に体を慣らし、この準備期間のうちに腸内細菌の種類を切り替え、同時に栄養の吸収効率と代謝効率を高めていくわけだ。

そして、そのような助走期間の後に、千日回峰行生活に突入するわけだが、この準備期間での切り替えに成功した者のみが行を達成できたのだろうし、行を2回達成した3名の人たちは、普段の生活ですでに切り替えが済んでいて、その延長線上で千日回峰行に挑んだと考えると納得がいく。

もちろん、「1100年間で達成者はわずか47名」というのは、その切り替えは決して不可能ではないが、極めて困難であることを示している。だから、私たちがいきなり千日回峰行に挑戦したり、この食生活に切り替えるのは、自殺行為でしかない。

千日回峰行に挑むなら、前もって「千日回峰行仕様」の体に切り替えておく必要があり、そのためには、日常の食生活も、事前に千日回峰行様式に切り替えておかなければいけないはずだ。

このように、食生活が腸内細菌・腸内環境を変えている実例が、科学雑誌『ネイチャー』2010年4月7日号に掲載されている。海藻の細胞壁を分解する細菌の酵素が、日本人の大腸から見つかった、というフランス人生物学者の論文である。

日本人は世界でもっとも海藻を食べる人種だが、おそらく、生で食べた海藻に海藻分解細菌が付着していて、それが海藻を日常的に食べる食生活のなかで排除されずに定着したという可能性が浮かび上がってくる。

6　セルロースが示す可能性

われわれ一般人が、いきなり粉末状セルロースだけで生きていくのは難しそうだが、前もって断食や絶食を行ない、それに慣れた時点で「粉末状セルロース＋セルロース分解菌」の組み合わせを経口摂取すれば、普通の人間でも生存可能かもしれない。

多くの種類のビタミンと脂肪酸とアミノ酸を産生するセルロース分解菌を複数組み合わせれば、おそらく完璧だろう。じっさい、前述の森さんの腸内では、クリストリジウム属の細菌がセルロースを分解してアミノ酸を産生し、それを森さんが利用しているそうだ。

この推論が正しければ、人類はセルロースの粉末を食料にできることになる。さらに、生きたままのセルロース分解菌を確実に大腸に届ける技術を確立すれば、セルロース食の可能性はさらに広がることになるだろう。

これまで人間が直接消化も吸収もできなかったセルロースが、いきなり食料に変身することになれば、「大量のセルロースを含むために食用とは考えられてこなかった植物や微生物」

が、いきなり食料として脚光を浴びるかもしれない。

もちろんそれは、豊かな食生活とはほど遠いものかもしれないが、近い将来に確実に起こるであろう、地下水の枯渇とそれに起因する穀物生産減少を考えれば、このセルロースを中心とした食生活は、生き延びるための一つの方策になるかもしれない。

（4）「母乳と細菌」の鉄壁の関係

1　母乳にオリゴ糖が含まれる理由

さて、ここまでみてきたように、「食物に含まれる栄養素・カロリー数」と「その食物を食べて得られる栄養素・カロリー数」はイコールではなく、草食動物や雑食動物では、むしろ完全に乖離《かいり》している。

このような視点から、「哺乳動物における哺乳」を見直してみるとどうなるだろうか。

人間の母乳に含まれる栄養素は、母乳100gあたりタンパク質1・1g、脂質3・49g、糖質6・87gである（出産後の時間経過によって成分比は変化するが）。糖質のうち、乳糖が6gともっとも多く、95％を占め、それ以外は三糖以上のオリゴ糖であり、現在、約130種ものオリゴ糖が母乳中から見つかっている。

問題はこのオリゴ糖である。なぜ問題かというと、これらのオリゴ糖を、人間は基本的に分解できないからだ。分解できないということは、消化も吸収もできず、栄養にもならないということを意味している。

この「人間が消化できないオリゴ糖（正確にはヒトミルクオリゴ糖）」の役割がわかったのは比較的最近のことで、現在では、オリゴ糖は新生児の腸管にビフィズス菌が定着、増殖するのを助け、同時に有害細菌の定着を阻害する役割も持っていることが明らかにされている。

じっさい、新生児の腸管細菌叢を調べた研究によると、出生直後の細菌叢は、大腸菌などの好気性代謝も行なう細菌が主体だが、母乳栄養児の場合には、1週間程度でビフィズス菌主体へと変化することがわかっている。

以前の人工栄養では、新生児腸管へのビフィズス菌の定着が見られず、母乳栄養児に比べて有意に感染症の発症率が高いことが問題だったが、オリゴ糖とビフィズス菌の関係が解明され、人工乳にオリゴ糖が添加されるようになった結果、人工栄養でも正常な腸内常在菌叢が形成されるようになったそうだ。母乳中のオリゴ糖は、それほど重要な役割を担っていたのだ。

さらに、新生児の大腸内に入ったオリゴ糖は、ビフィズス菌やその他の細菌の発酵作用により、有機酸（乳酸など）や短鎖脂肪酸（酢酸、酪酸、プロピオン酸など）に変化することがわかっている。

これらの有機酸や短鎖脂肪酸は、さらに別の腸管常在菌のエネルギー源として利用され、腸内常在菌のネットワークを強固なものとし、腸内環境の安定化に寄与している。また、酢酸や乳酸により腸管内のpHが低下して酸性環境となるため、病原菌（＝中性〜弱アルカリ性の環境を好むものが多い）の増殖を阻止している。

さらに私個人としては、これらの短鎖脂肪酸を、新生児が腸から吸収している可能性を考えたい。これまで見てきたさまざまな動物の事例からすると、新生児が吸収して栄養としていると考えるほうがむしろ自然だからである。おそらく新生児は、母乳に含まれる以上の栄養を得ているはずだ。

また、母乳にはブドウ糖もデンプンも含まれていないという事実も興味深い。新生児期は脳がもっとも発達する時期であり、脳のエネルギー源であるブドウ糖を大量に必要とするはずなのに、新生児の唯一の栄養源である母乳には、ブドウ糖もデンプンも含まれていないからだ。ようするに、脳が必要とするブドウ糖は、経口摂取した糖質とは無関係であることがこれからも証明される。

2　共生体としての子ども（新生児）

いずれにしても、乳児が経口摂取できる唯一の栄養物である母乳に、130種類ものオリゴ糖が含まれ、それが糖質全体の5%を占めているという事実は、何を意味しているのだろうか。新生児が母乳から得るエネルギーの多寡《たか》を考えるなら、糖質のすべては乳糖であるべきだ。乳糖なら乳児は自前の酵素で分解でき、余さずエネルギー源として利用できるからだ。ようするに、オリゴ糖を含む母乳より、含まない母乳のほうが新生児には有利なはずだ。

しかも、母体側にとっても、130種類もの化合物を作り出すのは簡単ではない。乳腺細胞が130種類の物質を作り出すためには、それぞれに対応した酵素が必要となり、酵素を作るためには、エネルギーとアミノ酸が必要だからだ。

つまり、130種類の物質を作るために、他の組織に割り当てるエネルギーとアミノ酸が減ることを意味する。単純な収支バランスからすると、母体側は極めて無駄なことをしているように見える。

それにもかかわらず、現生の哺乳類の母乳には、このような「乳児が吸収できないオリゴ糖」が必ず含まれている。進化の過程で「オリゴ糖を作らない乳腺を持つ哺乳類」は淘汰《とうた》され、「オリゴ糖を産生する哺乳類」のみが生き残ったと解釈するしかない。

その理由が、オリゴ糖によって作られる腸内細菌叢がもたらすメリットであり、腸内細菌が産生する脂肪酸が、新生児の発達に必要不可欠な栄養素である、という可能性が浮かんでくる。それらが直接的に新生児死亡を減らすというメリットがあり、そのメリットは、母体がオリゴ糖を作るために費やすエネルギーをはるかに上まわっていたと考えることができないだろうか。

いずれにしても、［母乳＋新生児＋腸管常在菌］は、ワンユニットの共生体として機能している。だから、母乳の成分比についても、成分ごとの消化・吸収率を考えても意味がなく、［共生体全体から新生児が獲得するエネルギー量・栄養素の量］という観点から捉え直す必要があるはずだ。

3　［母乳＋ビフィズス菌］ユニット

それにしても、新生児の腸管に定着するビフィズス菌（乳酸菌の一種）は、いつ、どのようにして腸管に侵入・定着するのだろうか。

子宮内の胎児の腸管が完全な無菌であることは昔から知られている。しかし、出生後数時間で、腸管からは大腸菌などが検出され始め、これらが最初期の細菌叢を作る。これらの細菌は、出産時に産道や外陰部に付着していたものが新生児の口に入り、腸管に到達したと考えて間違いないだろう。

その後、新生児の腸管からは、徐々にビフィズス菌が検出されるようになり、生後1週間前後でビフィズス菌がもっとも優勢な菌種となり、大腸菌などの初期の細菌はほとんど検出されなくなる（細菌学的に言えば、好気性代謝をする細菌が腸管内の酸素を消費して無酸素状態にし、その結果、嫌気性菌のビフィズス菌が優勢菌となり、好気性菌は減少する、と説明されている）。

この間、新生児が口にするものと言えば母乳だけだから、母乳と一緒にビフィズス菌を飲み込んだと考えるのが自然だ。

新生児の腸管にもっとも確実にビフィズス菌を届けるには、［母乳＋ビフィズス菌］をワンパックで飲ませるのがもっとも確実かつ有効である。人間の乳首の常在菌種に関するデータは残念ながら見つけられなかったが、ウシの乳首には乳酸菌が常在菌として定着していることはわかっているので、ウシ乳首と物理的・化学的環境がほとんど同一と思われるヒトの乳首に、ビフィズス菌が常在していると考えるのは、あながち的外れではないだろう。

乳頭（乳管）に常在するビフィズス菌の一部は、乳汁《にゅうじゅう》内のオリゴ糖を分解してエネルギー源とし、乳汁が供給されるかぎり安定した生態系を作る。そして、出産後は乳汁とともに新生児に飲み込まれるわけだ。

おそらくビフィズス菌にとっては、胃と小腸（胃液と胆汁が細菌の侵入を阻止している）さえくぐり抜けられれば、大腸内も乳管内も生存環境としては大きな違いはない。新生児が母乳を飲んで、オリゴ糖を届けてくれればそれで十分だ。

しかし、この［乳児‐母乳‐オリゴ糖‐ビフィズス菌］という鉄壁の関係も永続しない。離乳食が始まると、赤ん坊は母乳以外の食物を食べるようになり、それに呼応するかのように、分泌される母乳量が減ってくるからだ。その結果、こんどは離乳食の内容にもっとも適応した細菌種を中心とした腸内常在菌叢が形成されることになり、赤ちゃんのウンチの臭いも変化していく。

（5）哺乳類はなぜ、哺乳をはじめたのか

1　子どもはなぜ、小さいのか

それにしても、なぜ哺乳類は子ども（新生児）を哺乳によって育てることにしたのだろうか。なぜ、爬虫《はちゅう》類のように、「孵化《ふか》後は世話をしない」というスタイルを選ばなかったのだろうか。

この問題について、さまざまな面から思考実験してみる。

まず、生まれてくる子どものサイズの問題、つまり、なぜ哺乳類の子どもは小さいのか、という問題である。

理論的に考えれば、確実に子どもを残すには、親と同じサイズで十分な運動機能を持つ状態の新生児を出産したほうがいい。これなら、誕生した直後から子どもは自力で生活でき、出生後に死亡する率は最低となる。

もちろん、それが不可能な理由は誰でも思いつく。

出産直前の母体の体重が倍になってしまっては、母体は動けなくなり、捕食動物の恰好《かっこう》のエサになるからだ。さらに、その体重を支えるための四肢の骨強度も倍にしないといけないし、腹部の皮膚の強度も増す必要も出てくる。

同様に、卵生の動物でも、親と同サイズの卵は作れない。卵の重量（＝体積）は長さの3乗に比例して増大するため、卵の直径が2倍になると重量は8倍になり、卵の殻をそれに耐える厚さにしないと卵は自重《じじゅう》で潰れてしまうからだ。

しかも、殻を厚くすると、こんどは卵のなかの子どもが殻を破って出られなくなってしまう。現生陸生動物で、ダチョウより大きな卵を産む動物がいないのはそのためだろう。

このようなわけで、卵生にしろ胎生にしろ、「親より小さな子どもを産む」しか選択の余地はない。あとは、子どもの生存率と子どもを作るのに要するエネルギー量を天秤《てんびん》にかけ、生まれてくる子どものサイズと子どもの数の最適値を決めればいい。

だがそれでも、なぜ哺乳類は母乳で新生児を育てるのか、という謎は解決できない。小さく生んだからといって、母乳を与えなければいけないという理由にはならないからだ。

2 親と異なったものを摂取する動物

次に、生まれた子どもの食物の問題を思考実験する。

選択肢は、「親と同じもの・似たようなものを食べる」と、「親と異なったものを食べる」の2つがある。前者を選択しているのは魚類、爬虫類、鳥、不完全変態の昆虫（バッタやカマキリなど）、後者を選択しているのは哺乳類と完全変態をする昆虫だ。つまり、哺乳類は新生児期のみ母乳で育ち、完全変態する昆虫は幼虫時代と成虫で食物が異なる。

この2つの方式で異なってくるのは、大人（成獣）になる前に消化管の仕様変更が必要か必要でないかだ。

つまり、「親と同じもの・似たようなものを食べる」方式では、消化管の構造・機能はそのままでサイズだけ大きくすればいいが、「親と異なったものを食べる」方式では、成長の途中で食物が変わるために、消化管の仕様変更が必要になる。人間で言えば離乳期、昆虫で言えば蛹《さなぎ》の時期が、それに相当する。

完全変態する昆虫の場合には、たとえばカブトムシは、幼虫時代には腐葉土《ふようど》を食べていたのに、成虫になると樹液のみ、モンシロチョウの場合には、幼虫時代はキャベツなどアブラナ科植物の葉を食べていたのに、成虫になると花の蜜のみと、蛹の時期を境に食性が劇的に変化する。

この変化に対応するために、昆虫は幼虫と成虫の間に蛹という時期を必要とし、蛹の内部では幼虫の体のあらゆる組織を分解してドロドロ状態にし、それを成虫の体の材料にして、あらゆる臓器を成虫仕様に組み立て直すという荒技をくり出している。

しかし、この「体の設計変更」の時期は、体の内部は嵐に巻き込まれているようなもので、極めて脆弱《ぜいじゃく》な状態といえる。じっさい、蛹の期間はほとんど動けなくなり、周囲に擬態《ぎたい》するしか身を守る手段がなくなってしまうのだ。

人間でも離乳期は脆弱な状態となる。

たとえば、トウモロコシ栽培が定着した地域で、離乳食として柔らかく煮たトウモロコシの粥《かゆ》を与えるようになってから、離乳開始後に下痢が始まる乳児が増え、低タンパク血症による乳児死亡が増加したという報告があるからだ。

「肉食主体の雑食動物」である人類の乳児にとって、炭水化物のみの離乳食は、時として命取りとなることを示している。

3　草食動物の新生児は草食で生きられるか

他方の、「親と同じもの・似たようなものを食べる」方式にも問題がある。これは、草食動物の場合と肉食動物の場合に分けて思考実験するとわかりやすい。

まず草食動物の場合だが、前述のように、草食動物は草そのものを吸収しているわけでなく、胃や腸に共生するセルロース分解菌に植物のセルロースを分解してもらい、細菌が作り出した栄養素や菌体成分を吸収することで生きている。

つまり、得られるエネルギー量や栄養素は共生細菌の数で決まり、細菌の数は胃や腸の容積で決まる。

一方、体積は長さの3乗に比例するため、体のサイズが2倍になれば、容積（＝共生細菌数）は8倍に増えるが、体のサイズが半分になれば、容積は8分の1に減少する。つまり、新生児の体長が親の半分の場合、食物から得られるエネルギー量は8分の1しかない。

一方、体表面積は体長の2乗に比例する。そして、体の表面から逃げていく熱エネルギーは体表面積に比例する。つまり、半分サイズの新生児の表面積は親の4分の1、逃げる熱エネルギーも4分の1である。

ということは、得られるエネルギー量が親の8分の1で、外に逃げていくエネルギーは親の4分の1となり、獲得エネルギーがどうしても追いつかない計算になる。

その結果、どんどん体が冷えていき、やがて凍死することになる。

だから、草食動物の子どもは、ある程度の体のサイズにまで育ってからでないと、完全草食生活に切り替えられず、それまでの間、草以外の食物を必要とすることになる。

4　肉食動物の新生児は肉食で生きられるか

では肉食動物の新生児は、親と同じ肉食が可能だろうか。

まず、肉食水生動物の子ども（新生児）の場合には、肉食が可能だ。水中にはプランクトンが豊富にいるからだ。プランクトンは移動能力が高くないため、新生児が口を開けて水を飲み込めば水と一緒に入ってくる。あとは鰓《えら》などでプランクトンと水を分離すればいい。

だから、1ミリ程度の卵から孵化したばかりの稚魚《ちぎょ》でもカニの幼生でも、とりあえずは何かを食べられれ、肉食動物として生きていける。

では、陸生動物ではどうだろうか。水中のプランクトンに相当するものといえば、陸上では、土壌中の細菌や原生動物、地表面の昆虫などが候補になる。

しかし、これらをエサにするのはかなり大変である。

まず、土壌中の微生物や原生動物は、数も種類も豊富だが、土と微生物をより分けることは不可能だ。水中の稚魚のように「とりあえず口を開けておけばプランクトンが入ってくる」ことはないし、第一、土を掘るなどの作業は新生児には不可能だ。

もう一つのエサの候補である昆虫も、新生児が常食とするのは難しい。たいていの昆虫は運動能力が高く、生まれたばかりの動物（＝たいてい運動能力が低い）に捕まるほどノロマではないからだ。

しかも、昆虫の体は硬いキチンの外骨格で守られているため、これを食べるには強靱《きょうじん》な顎関節と筋肉と歯が必要だ。

つまり、陸生の肉食動物の新生児が、はじめから肉食で生きることは不可能に近い。

もちろん、陸生で卵生の肉食爬虫類のように、ある程度の体のサイズで孵化し、しかもエサを丸飲みできるなら生きていける。爬虫類の場合には、哺乳類よりも基礎代謝が低く、哺乳類よりも少量の食物で生きていけることも、生まれたばかりの子どもの生存に有利に作用しているかもしれない。

しかし、爬虫類は一般に卵をたくさん産むことから考えると、孵化後の爬虫類の子どもが肉食で生きのびるのはけっして容易なことではなさそうだ。

以上から、陸生動物の場合、草食動物にしても肉食動物にしても、生まれたばかりの子どもが親と同じものを食べて成長するのは不可能か、困難であることがわかる。その結果、まったく新しい育児システムが必要になる。

5　子ども（新生児）に何を与えるか

かくして、太古の哺乳類の祖先は、「体の小さな子どもを産み、親と違う食物で新生児期を乗り切る」という戦略を模索した。

問題は、親と同じものが食べられるようになるまで、何を栄養源として生きていくかだ。必要なのは、タンパク質と脂質と必須ビタミン、微量元素などだ。それさえあれば、あとは新生児が体内で必要な物を合成できるし、いずれ腸内常在菌も助けてくれるはずだ。

また食物の形状には固形のものと液状のものがあるが、新生児の咀嚼《そしやく》機能は十分でないから、与える栄養物は固体ではなく、液体か半流動体のほうが適している。

さらに新生児の場合には、保温にも注意を払う必要がある。動物は体が小さいほど体表面積の割合が大きくなり、体表面からの熱放散が大きくなってすぐに冷えてしまうからだ。

生まれたばかりの新生児の体表からの熱拡散を防ぐ唯一の手段は、新生児の周囲を体温まで温めることだ。外部の温度を体温と同じに保つことができれば、熱エネルギーの拡散は起こらないからだ。

そのためには熱源が必要になる。その熱源は太陽光以外には、親の体温しかない。つまり、親はなるべく子どものそばを離れずに温めるという工夫も必要だ。

以上の条件から、「親の体から分泌され、新生児の成長に必要な栄養素を含む液状のもので育てる」のがベストの選択となる。

しかし、そんな都合のよい分泌物があるのだろうか？

じつは一つだけある。皮膚腺分泌物である。偶然にも皮膚腺分泌物は、すべての条件を満たしていたのである。

(6) 皮膚腺がつないだ命の連鎖

1　アポクリン腺とエクリン汗腺

人間の場合、皮膚腺といえば、エクリン汗腺という汗を出す腺がメインである。夏の日中に噴き出る汗や、「手に汗を握る」時に手掌《しゅしょう》がジトッとする汗はエクリン汗腺であり、人間の場合には全身にくまなく存在している。

人間にはもう一つ、アポクリン腺が存在するが、こちらは腋窩《えきか》部や外陰部などのごく限られた部位にひっそりと分布する「日陰の存在」であり、腋窩のアポクリン腺は、ワキガの原因として迷惑がられたりしているほどだ。

人間しか知らないと、「エクリン汗腺が一般的でアポクリン腺は例外的」と思ってしまうが、じつは動物界ではアポクリン腺が一般的であり、エクリン汗腺を持つ動物は霊長類やカモノハシなどしかおらず、しかも彼らの場合でも、存在部位はごく限られていて（サルの場合は指尖《しせん》部や手掌表面や尾の下側のみ、カモノハシの場合には嘴《くちばし》の表面のみ）、極めて特殊な皮膚腺なのである。

ようするに、哺乳動物の世界においては、アポクリン腺が主流であり普遍的である。また、動物の進化の歴史のなかで、最初に登場したのもアポクリン腺（の原型）であり、現在の哺乳類の直接の祖先である獣弓《じゅうきゅう》類（Therapsid：2億6千万年前に登場）は、すでに原始アポクリン腺を備えた皮膚を持っていたと考えられている。

現生の哺乳類のアポクリン腺分泌物の成分（タンパク質、糖質、ピルビン酸などの複数の脂肪酸、鉄分、ステロイド類、リポフスチン色素、アンモニア、尿素など）から、原始アポクリン腺でも同様の成分を分泌していたと考えられている。

なぜなら、後述するように、アポクリン腺は皮膚と毛を守るために発達した器官であり、分泌物の組成は「広がりやすく、水分の蒸発を防ぎ、水に溶けにくい液状物」でなければならなかったからだ。この条件を満たしているのが、アポクリン腺分泌物なのである。

2　アポクリン腺から乳腺へ

このアポクリン腺分泌[illegible]の成分を見て、何か気づかないだろうか。

前述の「新生[illegible]要な栄養素」とほぼ一致しているのである。

ならば、[illegible]新生児に舐《な》めさせれば、新生児は、必要とする栄養分を摂取できることに[illegible]

アポクリン腺は、哺乳類の全身にあまねく遍在している（皮膚と毛を守るための[illegible]たから当然である）。だから、一つ一つのアポクリン腺の分泌量は少なくても、新生児は母体のいろいろな部分の毛や皮膚を舐めることで、トータルとしては必要な量のタンパク質や脂肪酸を得られることになる。

さらにこの方式は、母体側にも2つのメリットがある。

一つは、新生児を育てるための新たな器官を作る必要がなく、既存の器官を転用できること、もう一つは、アポクリン腺が全身に遍在しているため、子どもの成長に従って栄養要求量が増えた場合にも、個々のアポクリン腺の分泌量をちょっとずつ増やすだけで対応できることだ。

もちろん、体から外に何かを分泌する腺は皮膚腺以外にもあるが（例：涙腺《るいせん》、唾液腺）、脂肪酸もタンパク質も糖質も含む液体を分泌しているのはアポクリン腺のみであり、子育てに使えるものとしてはこれ以外にはないのである。このような育児方式を編み出したのが獣弓類だったと考えられている。

そして、哺乳類の乳腺は、この獣弓類のアポクリン腺から進化したことは、比較解剖学や生化学の研究からほぼ間違いないと考えられている。

つまり、全身にあるアポクリン腺のうち、授乳に適した部位（＝体の前面）のアポクリン
進化し・集中させることで、乳腺が分化したのだろう。
牙の形状から、立した乳腺組織を持っていたという直接的な証拠はないが、獣弓類から分岐・
るタンパク質で、（Mammaliaformes：2億2500万年前の三畳《さんじょう》紀に出現、卵生）の歯
児である。極めて栄哺乳形類の新生児は、カゼイン（母乳のタンパク質の80%を占め
必 カゼ 高い）を飲んでいたことがほぼ確実とされていることが根
のような大きな分子を合成するには、合成専用の組織（＝乳腺組織）が
（泌乳の開始ならびに初期進化に関する新仮説：Olav Oftedal 博士による見解。

浦島ら、ミルクサイエンス53(2)：81〜100、2004)。

3　皮膚から見た動物の進化

このアポクリン腺は、当然のことながら、最初から新生児の栄養物の分泌用として形成された器官ではない。アポクリン腺分泌物の本来の目的は、皮膚と毛を守ることであり、より具体的にいえば、皮膚の乾燥化と毛の劣化を防ぐことである。

だから、脂質や多糖体に富んだ粘調《ねんちょう》な天然ワックスとして分泌し、それで皮膚表面や毛を覆う必要があったのだ。

地球の生命体は、海で生まれ海で進化し、淡水に進出した魚類から両生類が進化した。やがて3億5000万年前（デボン紀）に、ペデルペス（pederpes）という両生類の祖先が、地上に最初に足を踏み入れた脊椎《せきつい》動物となるのだが、彼らが直面した最大の問題は、陸地という未知の世界に特有の、乾燥した大気だった。

両生類は淡水に生息していたが、そこでは浸透圧差から、つねに細胞内に入り込もうとする水に対する対策が必要だった。しかし陸上では、こんどは逆に表皮から大気中に逃げ出そうとする水をいかに留めるか、皮膚からの水の蒸発をいかに阻止するかが大問題となった。水棲と陸棲では正反対の対策が必要になったのだ。

初期の両生類は、この皮膚からの水分蒸発を防げなかったため、おそらく水辺から離れることができなかったと考えられている。

ちなみに、現生の両生類であるカエルは、オタマジャクシ時代は水中生活のため、皮膚は粘膜であり、成長してカエルに変態すると、皮膚は角質が覆う角化上皮に変化し、陸上で生活ができるようになる。とはいっても、カエルの角質は、気体や水分が通過できるほど薄く(このため両生類は、脊椎動物では例外的に皮膚呼吸できる動物である)、乾燥状態での生存は難しい。

次に登場した爬虫類は、大きく2つの系統に分かれる。

一つは、皮膚腺がほとんどない皮膚を持つ竜弓類(Sauropsida：恐竜、現生のワニ、トカゲ、カメ、ヘビなど)、もう一つは、皮膚腺が分布する皮膚を持つ単弓類(Synapsid)であり、後者が私たち哺乳類の直接の祖先となった。

竜弓類は、小さなセグメントに分かれた厚い角質層で作られている「鱗《うろこ》」を発達させた。この鱗は、外力から身を守る鎧《よろい》であると同時に、強力な乾燥防御システムになった。それがいかに有効であるかは、現生のヘビやトカゲの一部が、極めて乾燥した地域を生息環境としていることが証明している。

だが、強靭な鎧であるため、体が成長するにつれて古い鎧を脱ぎ捨てる必要が生じ、ヘビやトカゲでは、体が大きくなるたびに、脱皮という複雑なシステム（表皮細胞の成熟と脱落の精妙なコントロールが必要である）が必要になった。そして同時に、脱皮直後は外敵に対し極めて脆弱になってしまった。

一方の単弓類から分岐・進化した獣弓類では、皮膚腺を有する皮膚が全身を覆っていて、これは間違いなく単弓類から受け継いだものと考えられている。すなわち、皮膚最外層（角質）をつねに新しいものと置き換えることで劣化を防ぎ、さらに、皮膚を粘調な皮膚腺分泌物で覆う方式だ。

さらに獣弓類から分岐・進化した哺乳形類では、皮膚表面を密集した毛が覆うようになる。これは体温を維持するための優れた断熱材であると同時に、外力に対する防御器官にもなった。

ちなみに、もっとも初期の体毛は、単弓類の腹部の一部に出現したと考えられていて、これは孵化前の卵（単弓類の卵は水分透過性を持つ薄い卵殻に包まれていた）に水分を与えるための器官だったという説がある。

そしてその後、毛は全身に広がり、保温のための器官へと役割を変化させたようだ。

現在の哺乳類は、哺乳形類から「皮膚・皮膚腺・体毛」をワンセットで受け継いでいる。

その皮膚は、ワニやトカゲほど丈夫ではないが、柔軟でしなやかであり、このしなやかさなしでは、子宮内で胎児を大きく育てることは不可能だったと思われる。

Ⅶ　ブドウ糖から見えてくる生命体の進化と諸相

（1）ブドウ糖――じつは効率の悪い栄養

1　なぜ脳はブドウ糖を主たる栄養源にしているのか?

糖質制限について説明すると、必ず出る疑問・質問として、「人間の脳はブドウ糖（グルコース）しか栄養にできないはずだ。炭水化物を摂取しなければ脳は動かなくなるはずだ」

というものがある。

それに対する答えは、前章でも少しだけふれたが、「脳はケトン体（脂肪の分解により肝臓で作られる）も利用できるし、アミノ酸からの糖新生も行なわれているので、ブドウ糖が不足することはない」である。

ちなみに、人体のさまざまな組織や細胞のなかで、ブドウ糖を主に使っているのは、脳、目の網膜、赤血球などであり、手足の筋肉や心臓の筋肉は、安静時や軽度の運動時には、脂肪酸をエネルギー源とし、激しい運動の時に限って、ブドウ糖を取り込んでいる。

いずれにしても、人体の多くの組織のエネルギー源は脂肪酸であり、ブドウ糖は例外的な組織でのみ、使っているわけだ。

しかしここで、なぜ脳の主な栄養はブドウ糖なのか、という疑問を持たないだろうか。なぜ、筋肉のように脂肪酸を使わないのだろうか。脂肪酸を使ってはいけない特別な理由でもあるのだろうか。

というのも、エネルギー生成効率（ＡＴＰ産生量）から考えると、ブドウ糖よりも脂肪酸のほうがはるかに効率がいいからだ。

人間の体のエネルギー産生の場は、細胞内のミトコンドリアであり、ＴＣＡサイクルという代謝系を働かせることで、ＡＴＰ（＝生体内のエネルギー共通通貨の化合物）を作るが、1分子のブドウ糖からは38分子のＡＴＰが作られるのに対し、脂肪酸の一種であるステアリン酸1分子からは、その4倍近い146分子ものＡＴＰが作られるのだ。

ここから考えると、何もわざわざ効率の悪いブドウ糖を使う必要はないはずである。ましてや、脳は全身でもっともエネルギー消費の高い器官であり、それこそ湯水のごとくエネルギーを使いまくっている（脳の重量は体重の2％程度だが、全身のエネルギー代謝の約20％を消費している）。それならなおさらのこと、ブドウ糖でなく脂肪酸を使うべきではないだろうか。

2　脳が脂肪酸を使わない理由

脳がエネルギー源として利用しているのはブドウ糖とケトン体で、脂肪酸は利用しないと述べたが、前者（ブドウ糖とケトン体）は水溶性物質、後者（脂肪酸）は脂溶性物質である。

この違いは、言いかえれば、細胞膜（＝脂質二重膜）を自由に通れるか、通れないかの違いだ。脳が選んだのは水溶性物質のブドウ糖とケトン体であり、脂溶性物質は拒絶したと考えられる。

その理由について思考実験してみよう。

脳の仕事とは何だろうか。それは、視覚や聴覚などの感覚器から入る膨大な情報を分析し、それを過去の記憶と照合し、現在の状況を判断し、必要な行動を決め、その命令を手足の筋肉に送ることだ。

しかも、体を取り巻く状況は刻々と変化するから、その時々に応じて適切な行動を判断し、逐一《ちくいち》、筋肉に指令を出さなければいけない。

人間の脳には250億〜350億個もの神経細胞が詰まっていて、それらはシナプスという接合部で相互に結合している。そして、情報が入るたびに、シナプスから神経伝達物質が放出されて隣の神経細胞にキャッチされ、その神経細胞が別の神経細胞に情報伝達して、巨大な情報ネットワークを作っている。つまり、私たちの脳ではつねに、神経伝達物質が飛び交っていることになる。

そんな、情報伝達物質が飛び交う修羅場に、細胞膜を通過できる脂肪酸があったら、どうなるだろうか。もちろん、きちんとしたルールのもとで情報を伝えあっている情報伝達物質からすると、ルールを無視して動き回る脂肪酸は邪魔ものでしかない。

それどころか、多種多様な脂肪酸のなかには、情報かく乱物質として作用するものもある。これは［情報収集・統合・分析・行動決定］器官としては、致命的なバグの原因になりかねない。

だから、脳は脂肪酸が入らないように工夫をした。脳を取り巻く血管に、blood-brain barrier（ＢＢＢ、血液脳関門）という関所を作り、ブドウ糖とケトン体は通すが、脂肪酸は門前払いするというシステムを作り上げたわけだ。

このような構造物は、脳だけではなく末梢神経系にも存在し（blood-nerve barrier、ＢＮＢ、血液神経関門）、これもＢＢＢとほぼ同等の機能を持っているらしい。ようするに、脳や末梢神経にとって、脂肪酸は使いたくても使えないエネルギー源なのだ。

ちなみに、脳神経関門は脂肪酸を通さないと書いたが、厳密にいえばこれは正しくないようだ。ＤＨＡ（ドコサヘキサエン酸）は脳神経関門を通れるからだ。

ＤＨＡは必須脂肪酸の一つで、魚などに含まれ、「魚を食べると頭がよくなる」ということで有名になった脂肪酸である。頭がよくなるかどうかは別にして、脳に多く含まれる脂肪酸で、おそらくは機能的というより構造的な役割を果たしていて、そのためにＢＢＢを通ることができるようだ。

また、ＥＰＡ（エイコサペンタエン酸）のような、神経細胞の細胞膜に必要な、機能的な脂肪酸は、毛細血管の細胞膜からそれが接する神経細胞の細胞膜へと直接的に受け渡しされる形で脳に供給されているらしい。

その理由は、脳の神経細胞自体は増えることはないが、神経細胞間のシナプスは頻繁に作り変えられているからだ（これをシナプス可塑《かそ》性という）。そのためには大量の脂肪酸を必要とするが、この脂肪酸は、このような細胞膜同士の直接的受け渡しで脳に持ち込まれているのだ。

それはさておき、脳にとって、ブドウ糖とケトン体は都合のよいエネルギー源である。どちらも水溶性物質であって、細胞膜を自由に通ることはできず、細胞膜を通るにはトランスポーター物質が必要だ。トランスポーターが必要ということは、脳サイドからいえば「制御しやすい」ということになる。脳にとってはこの「制御しやすい」という要素が、何より必要なのだ。

このように考えると、「主にブドウ糖を使っているのは、脳、網膜、赤血球」という理由も見えてくる。目の網膜は脳から直接伸びて作られる組織であって、脳そのものといっていいし、赤血球にはミトコンドリアがないため、脂肪酸を使おうにも使えないのである（脂肪酸はミトコンドリア内で、ＴＣＡサイクルで代謝されてＡＴＰとなるため、ミトコンドリアがないと脂肪酸を利用できない）。

ちなみに赤血球は、エネルギー産生を細胞質内の酵素で行なっており、ブドウ糖を嫌気性代謝（＝解糖系）することでＡＴＰを作っている。解糖系では、ブドウ糖1分子から2分子のＡＴＰしか作れないが、酸素と二酸化炭素の運搬役以外の機能を持たない赤血球は、大量のエネルギーを必要とせず、低エネルギー系の解糖系で十分なのだろう。

3　動物の血糖値——活動性は血糖値で決まっている

脳が活動するためには水溶性のエネルギー源が必要で、その条件に合ったものとして、ブドウ糖とケトン体があり、脳は選択的にこれらを使っていることについては前項で説明したとおりである。

そして、脳の活動を維持するために必要なのが、１００㎎／dlという血糖値であろうということもすでに書いた（おそらく、ブドウ糖とケトン体の合計の濃度が一定値を保っていると想像されるが、以下ひとまとめに「血糖値」と表記する）。

動　物	食　性	参　考	血糖平均値（mg/dl）
カナダオオヤマネコ	肉　食	野　生	101
カナダオオヤマネコ	肉　食	動物園	153
キタオットセイ	肉　食	野　生	168
ハイイロオオカミ	肉　食	野　生	118
アカゲザル	雑　食	飼育下	103
アカシカ	雑　食	農場で飼育	114
カニクイザル	雑　食	飼育下	62
ハナグマ	雑　食	半野生	80
チンチラ	草　食	飼育下	180
トナカイ	草　食	野　生	120
オオツノヒツジ	草　食	野　生	197
フタユビナマケモノ	草　食	野　生	22
レイヨウ	草　食	飼育下	175

図6　さまざまな動物の平均血糖値

血糖の正常値の100㎎／dl前後という数字は、いってみれば「体温36℃、血圧120㎜Hg、体重60kg」というのと同様、あまりにもあたりまえすぎる面白味のない数字である。しかし、哺乳類全体に視野を広げると、これが俄然《がぜん》、面白くなるのである。

図6は、動物学の専門雑誌（英文）に掲載されていた、さまざまな動物の平均血糖値をまとめたもの、そして図7は、日本国内のペットや家畜から得られた値をまとめたものだ。動物の場合、検査機器によって、得られる値が上下することがあるようだが、複数の獣医師の先生に教えていただいたところでは、おおむね妥当な数字とのことである。

これを見てみると、人間の血糖値に似てい

動　物	食　性	血糖正常値(mg/dl)
ネコ	肉　食	71〜148
フェレット	肉　食	120〜140
イヌ	雑　食	75〜128
ブタ	雑　食	70〜120
マウス、ラット	雑　食	80〜180
カニクイザル	雑　食	58
ウシ	草　食	45〜75
ウマ	草　食	75〜115
ヒツジ	草　食	60前後
ウサギ	草　食	135

図7　ペットや家畜の血糖正常値

ないだろうか。

たとえば図6を見ると、オオツノヒツジや齧歯《げっし》類のチンチラ、キタオットセイのように、血糖値が160㎎／dl以上の動物や、フタユビナマケモノのように極端に低い血糖値の動物もいるが、それ以外はおおむね、人間の正常血糖値の範囲内に収まっている。

これは図7でも同じで、ほとんどの動物の血糖値は、おおよそ人間の血糖正常値の範囲内に収まっていることがわかる（ちなみにネコは、ストレスを受けるとすぐに血糖値が急上昇するため、正確な測定は難しいらしい）。

いずれにしても、多くの哺乳類は、100㎎／dl前後の血糖値で生きているといってよさそうだ。しかも、肉食・草食・雑食の区別

	血糖値（mg/dl）
鳥類全般	200台後半〜300台後半
ヘビ（ボア、パイソン）	30〜40
カメ	15〜90
トカゲ	100〜130

図8　鳥類と爬虫類の血糖値

なく、似たような値を示しているのである。偶然の一致にしてはちょっと出来すぎではないだろうか。

ちなみに、鳥類と爬虫類の血糖値を調べたものが、図8だ。鳥類は人類の基準からするとかなりの高血糖状態だし、ヘビやカメは一般に正常血糖値が低い（ヘビやカメでも、種類によっては血糖値がもう少し高いものもいるようだが）。つまり、フタユビナマケモノの血糖値はヘビの血糖値にむしろ近いと言える。

両生類の血糖値について調べないと確定的なことは言えないが、ごく大雑把に大胆な予想を立てれば、「陸棲の脊椎動物は、血糖値によって、30mg／dl前後の低値群（ヘビ、カメ、ナマケモノ）、100mg／dlの中間群（ほとんどの哺乳類とトカゲ）、300mg／dlの高値群（鳥類）の3群に分けられる」となる。

そしてこの3つの動物群は、「ほとんど動かない動物」「活発に動く動物」「飛行する動物」

に対応している。つまり、「ほとんど動かない」生活を選べば、血糖値は30㎎／dl程度で十分、「活発に動く」生活をするなら100㎎／dlの血糖値が必要、「飛行」するなら300㎎／dl以上の血糖値が必要、ということでまとめられそうだ。

つまり、脊椎動物の血糖値には3パターンあり、各血糖値がそれぞれの行動様式に関連していることは間違いないと思う。そして、血液中のブドウ糖の最大の消費地が脳であり、脳が運動を制御していることから考えると、ヒトの運動を脳で制御するためには100㎎／dlのブドウ糖が必要であり、鳥の脳が飛行を制御するためには300㎎／dlの血糖を要求し、フタユビナマケモノの活動性を脳が制御するのには22㎎／dlで必要十分なのだろう。

血糖値がそれぞれの適正値より低くなれば、脳は活動を停止してしまうし、適正値より高くなれば、血管や神経への糖毒性が表に出てくる。3つの血糖値群は、このような事情で決まったものではないだろうか。

ちなみに、鳥類が空腹時でも300㎎／dlという高血糖を維持しているのには、3つの理由があるらしい。

1つ目は、鳥類はインスリン感受性が低い（＝インスリン抵抗性が高い）こと。

2つ目は、哺乳類とまったく異なる血糖降下メカニズムを有していて、血糖を高く維持するための特殊なシステムを備えていること。

3つ目は、鳥類は血管系の神経支配が哺乳類とまったく異なっていて、高血糖状態が続いても、哺乳類にみられるような糖毒性（＝血管や神経の障害）が発生しないことだ。

このような特殊な能力を得ることで、鳥類は300㎎／dlという高血糖状態を維持し、飛行という高度な運動様式に適応したのだろう。

ちなみに、現在の鳥類は、ジュラ紀の恐竜に極めて近縁の動物だが（正確に言えば、ティラノサウルス類と鳥類は同じ獣脚類〔Theropoda〕に分類されている）、想像をたくましくすれば、恐竜も鳥類同様、血糖正常値は高めだったのではないだろうか。ティラノサウルスは、巨体でありながら、高い運動能力を持っていたことがわかっているが、その理由として、鳥類と同じ「気嚢《きのう》」という、極めて効率的な呼吸システムを備えていた可能性が示唆されているが、高血糖をつねに維持できたことも、運動能力の高さの理由の一つだったのかもしれない。

4　脳は惜しみなく糖を奪う

ブドウ糖の最大消費地は、いうまでもなく脳だ。動物の脳は、つねに休みなく活動を続けなければいけないからだ。

たとえば、サバンナの肉食獣なら、つねに獲物を見つけようと目や耳を働かせ、感覚器から入る膨大な情報は休みなく脳に送り込まれる。脳はその情報をただちに分析し、獲物だと判断すれば相手との距離を判断し、風向きなど周囲の状況を分析し、どのように獲物に近づくかを瞬時に割り出し、全身の筋肉に指令を送る。

一方、狙われた草食動物は、捕食動物の存在をいち早く察知しようと、絶えず周囲からの情報を脳に送り、捕食動物の存在を感知したら、その方向と距離を測定し、どの方向に逃げるべきかを瞬時に決定し、手足の筋肉に命令を下す。

このような脳の活動を維持するために、１００㎎／dl前後の濃度のブドウ糖が必要なのだろう。

脳は休みなくブドウ糖を消費し続けるが、もしも、ブドウ糖を消費し尽くして血糖値が下がったままの状態が続けば、脳はガス欠になって停止してしまう。そうなれば、獲物を捕ることも逃げることもできず、死を待つだけだ。

そうならないためには、１００㎎／dlの血糖値をつねに維持しなければいけない。だからこそ、動物には「血糖値の低下を鋭敏に感知するセンサー」と、「ブドウ糖を補充して血糖値を保つシステム」が必要なのだ。

この血糖値低下センサーと糖質補充システムは、四六時中、連続稼働していないといけない。夜寝ている間にも捕食動物が襲ってくるかもしれないから、眠っている間でも感覚器のスイッチは入れっぱなしにしておく必要があるし、異常を察知してすぐに飛び起きることができなかったら、お陀仏《だぶつ》である。生き延びるためには、どんな時でも脳のスイッチを切るわけにはいかないのだ。

当然、「低下した分のブドウ糖補充システム」も、24時間スタンバイ、いつでも起動可能にしておかないと意味がない。寝ていようと起きていようと、食事中だろうと絶食中だろうと、「血糖値感知・ブドウ糖補充システム」を止めるわけにはいかない。脳がいつフル稼働状態になってブドウ糖を大量消費するのかは、前もって予測できないからだ。

脳はあくまでも、刻々と変化する状況のなかで最善の一手を探し出すのが役目であり、脳のブドウ糖消費量を決めるのは、脳自身ではなく、周囲の状況だ。だから、周囲の状況が変化すれば、それに応じて脳もフル回転し、ブドウ糖を消費し続ける。

状況の変化が突然の事態である以上、血糖値維持システムは、即時反応できるものでなければいけないことになる。

5　糖質を摂取せずに血糖は維持できている

この「血糖低下感知・ブドウ糖補充システム」のうちの感知部門は、グルカゴン、アドレナリン、コルチゾール、成長ホルモンなどのホルモンであり、これらのホルモンが分泌されると、血糖値を上昇させるべくさまざまな反応が起こる。

このように、血糖低下を感知するホルモンが複数あるのは、もちろん、低血糖が直接的に生命の危機をもたらすからだ。だから、一つのホルモンの分泌が不調でも、他のホルモンで補えるようになっている。これは一種のセーフティネットと言える（逆に言えば、血糖を低下させるホルモンはインスリン一つしかなく、セーフティネットが存在しないことになる）。

では、ブドウ糖補充はどのようにしたらいいだろうか。言いかえれば、ブドウ糖の調達をどうするかだ。

誰しもすぐに考えつくのは、「炭水化物やブドウ糖を含む食べ物を摂取する」という方式だ。しかし、前にも述べたとおり、「食事補充」方式には致命的欠点がある。糖質を含む食物がつねに身の回りにあるとは限らないからだ。そういう都合のよい食べ物がなければ、たちまち脳はガス欠状態になってしまう。

また、睡眠中にも脳はブドウ糖を消費するが、だからといって睡眠中に食事をとることは不可能だ。

ようするに、血糖値が下がって頭がボーッとしてきたから、食事を探しましょう、では手遅れなのである。身近に食べ物がなくても、とりあえず血糖値を維持して脳が働いているようでなければ、自然界では生き延びられないのだ。

そして何より、「食事によるブドウ糖補充」理論では、現実の動物の血糖値を説明できない。先ほどの動物の血糖値の表（図6）をもう一度見てほしい。ハイイロオオカミやオオヤマネコなどの完全肉食動物でも、血糖値が人間と同程度か、やや高めに維持されていることがわかるはずだ。これらの動物は完全な肉食であり、食事からの糖質摂取はほぼゼロである。

つまり、オオカミやヤマネコが、「血糖が下がったから甘いものでも食べましょう」ということは絶対にありえないのだ。

同様に、ウシなどの反芻動物では、食べた草（＝セルロース）を胃のセルロース分解菌・原生動物が分解してウシの栄養にしてくれるが、細菌や微生物が作るのは糖ではなく、アミノ酸と短鎖脂肪酸なのである。つまり、反芻動物も、食物から糖質はほとんど摂取していないのだ。

それなのに、オオカミもネコもウシも、１００mg／dl前後の血糖値を維持している。これは、肉食動物も草食動物も、食事から摂取した糖質で血糖値を維持していない、ということを意味している。

ようするに、血糖値を維持するためのブドウ糖は、食事由来ではないのである。

これは、地球に最初に誕生した哺乳類のアデロバシレウスが、夜行性の肉食動物（主に昆虫をエサにしていたらしい）だったことからも明らかだろう。この哺乳類の始祖は、体長10cm足らずで、エサにしているのは飛翔能力を持つ昆虫だ。つまり、あらゆる感覚を研《と》ぎ澄まし、昆虫を上回るスピードで一気に襲いかからなければ、エサにありつけないのだ。

エサを捕らえるために、アデロバシレウスの脳は、ブドウ糖を栄養にして高速回転していたはずだ。しかもそのエサは、糖質をほとんど含まない昆虫なのである。

6　糖新生と皮下脂肪

では、動物たちは、ブドウ糖をどうやって調達して、血糖の維持を行なっているのかというと、もちろん、これまでたびたび登場してきた「糖新生」である。

糖新生は当初、飢餓状態の時のグルカゴンというホルモン分泌が引き金になって、糖以外の物質からブドウ糖が作られる現象として発見されたが、その後、飢餓状態と無関係に起きていることが判明した。現在では、次の5つの経路が判明している。

○糖原性アミノ酸 → ブドウ糖
○ピルビン酸 → ブドウ糖
○プロピオン酸 → ブドウ糖
○グリセロール → ブドウ糖
○乳酸 → ブドウ糖

肉食動物のネコは、血糖値が下がるとタンパク質を分解して、糖原性アミノ酸にしてこれを元にブドウ糖を作るし、草食動物のウシは、プロピオン酸からの糖新生でブドウ糖を作っている。

じつは、この糖新生は、飢餓状態と無関係に、つねに動物の体で起きている普遍的な現象なのである。つまり、この本を読んでいるあなたの体で、今、この瞬間にも、糖新生が起きている。

この本の活字を文字情報として認識し、脳の膨大なデータベースを参照してその単語の意味を割り出し、文章の意味するところを読み解くためには、膨大なエネルギーが必要であり、脳は大量のブドウ糖を消費する。その消費された分を補って、１００㎎／dlという適正血糖値に戻すために、体のなかではつねに糖新生が起きて、ブドウ糖を作っているのだ（図９）。

このように考えてみると、脳でのブドウ糖消費量が多ければ多いほど、絶えず糖新生からブドウ糖を合成する必要があることになる。

一方、人間は前述のように「正常血糖値１００㎎／dl群」の生物であり、それ以上の血糖値が続くと、神経や血管が損傷される。人間の体の基本仕様は１００㎎／dlであり、血糖値を上げたくても上げられないのだ。

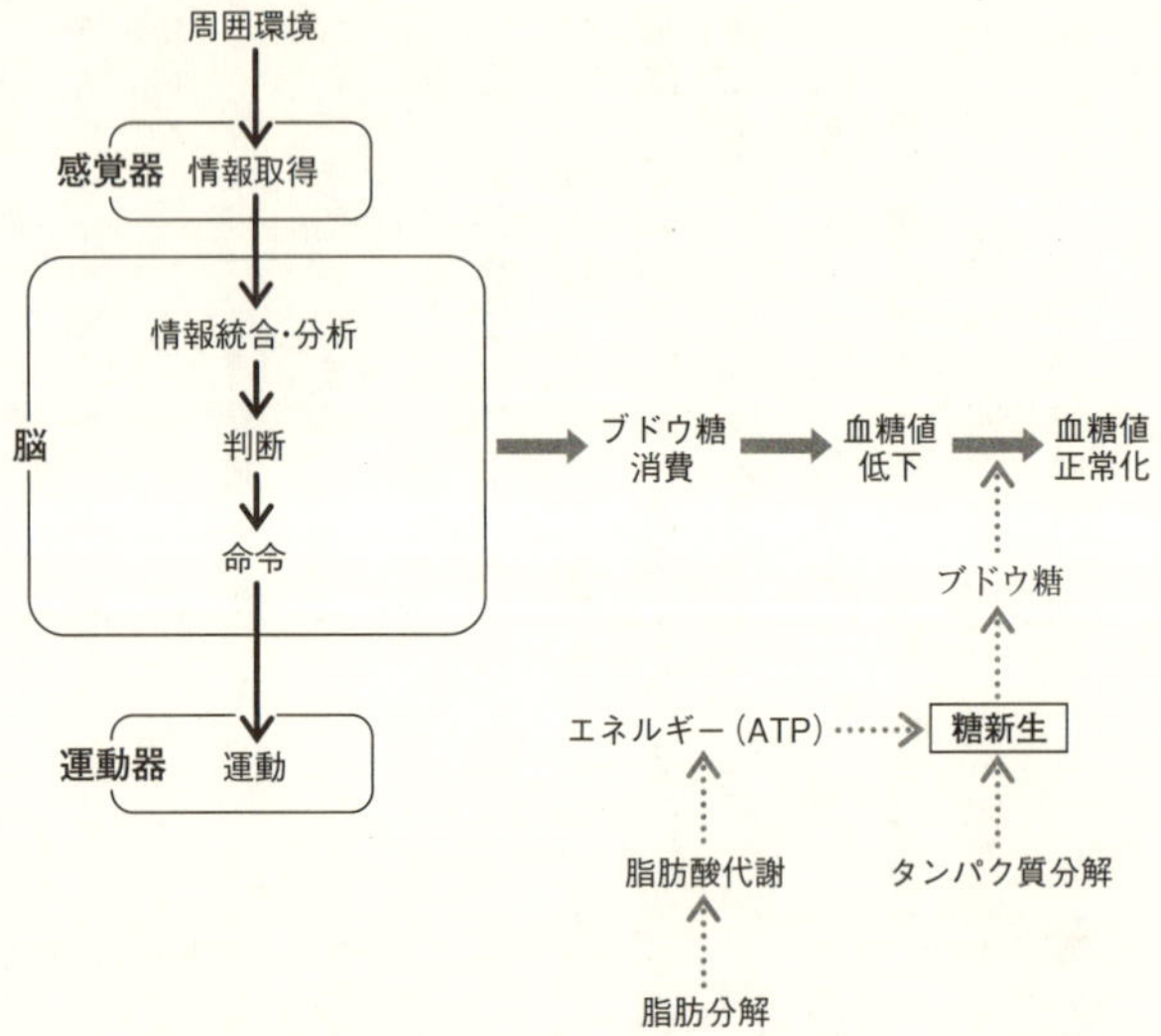

図9　糖新生が血糖値を維持している

つまり、人間の脳では、「ブドウ糖は大量に使わないといけないのに、脳に行く血管の血糖値は100mg／dl以上に上げられない」というジレンマが生じるわけだ。

このジレンマを解消するためには、血糖値をつねにチェックしながら糖新生をこまめにコントロールして、ブドウ糖を作り続けるしかない。

一方、糖新生をするためには、エネルギーが必要だ。糖原性アミノ酸からブドウ糖を作るにも、ピルビン酸からブドウ糖を作るにも、それ相応のエネルギーが必要なのだ。そのエネルギーをどこかから調達しなければいけない。

そのエネルギー源は脂肪酸である。大量のATPをつねに産生できる脂肪酸はまさに、持続的糖新生のための理想的なエネルギー源なのだ。

もしかしたら、これこそが、人間の皮下脂肪組織が発達している理由ではないのだろうか。つまり、［脳でのブドウ糖の連続大量消費］→［消費分を補うために糖新生を持続フル回転］→［そのためには連続的エネルギー生産が必要］→［エネルギー源である脂肪酸の貯蔵が必要］という方向に進化したわけであり、その結果生まれたのが、人体の皮下脂肪ではないのだろうか。

つまり、皮下脂肪に大量の脂肪酸をストックしておけば、つねに糖新生を動かすことができ、どんなに大量のブドウ糖を消費したとしても、血糖値を１００mg／dlに維持できることになる。

7　脳はブドウ糖に固執した

それにしても、なぜ脳は、ブドウ糖という効率の悪いエネルギー源にこだわっているのだろうか。大量のエネルギーを常時消費する器官なら、より効率のよい脂肪酸を利用する方向に進化した動物が出現してもよさそうなものだ。

なにしろ、前述のとおり、ブドウ糖と脂肪酸では、好気性代謝で得られるATPの数は、脂肪酸のほうが数倍多いからだ。そしてじっさい、骨格筋や心筋は、脂肪酸をエネルギー源として使っているではないか。

もちろん、これもすでに述べたように、脳神経細胞が直接脂肪酸を取り込むことは、脳の機能維持に不都合だという理由はあるが、それにしても、脳神経の支持細胞が脂肪酸を取り込んで、エネルギーだけ神経細胞に渡すなどの進化があってもよさそうなものだ。そうすれば、何もわざわざ、タンパク質を分解して糖原性アミノ酸を作り、そこからブドウ糖を合成して……というような面倒なことはしなくていい。なぜ、こんな面倒なことをしているのだろうか。

唯一考えられる可能性は、「脳（中枢神経系）は多細胞生物進化の早い段階で完成し、その当時の最先端システムであるブドウ糖を利用する代謝システムを採用したが、その後、他の組織が脂肪酸という最新鋭システムに乗り換えた時に、変化に乗りそこねてしまった」というものだ。

地球上の生命体の進化の歴史を見ていくと、体の構造やシステムの根本的抜本的改造はなるべく避けたい、という傾向があることがわかる。ようするに、なるべく変えたくないし、変えざるをえないとしても現在あるものをやりくり算段して新しい器官を作っている（例：鰓の開閉から顎関節を作り、顎関節をやりくりして耳小骨《じしようこつ》を作る、など）。

根本から構造を変えるのはリスクが高く、うまく機能してくれなければ命取りになる。それなら、現在うまく動いている器官や組織を少しずつ改変して、新しい機能をもつ器官を作ったほうが得策である。

後述するように、最初期の生命体にとっては、水素や硫化水素をエネルギー源にするのが最先端だった。その後、大気中と海水中の酸素濃度が上昇すると、酸素を使うシステムが生まれ、新システムを搭載した生物が出現した。それにより、硫化水素や水素を使うシステムは旧タイプとなり、彼らは酸素のないところに逃げ込むしかなかった。

ブドウ糖代謝も同じで、酸素のない時代に嫌気性代謝が一世を風靡《ふうび》したが、その後に好気性代謝が流行の最先端になった。この時代に誕生したのが分散神経系（のちの中枢神経の原型となる神経系）だったのだと私は考えている。つまり、分散神経系は、当時最先端のブドウ糖好気性代謝エンジンを搭載して誕生した。

だが、時代が移り、脂肪酸代謝からエネルギーを得るという大出力・ハイパワーエンジン

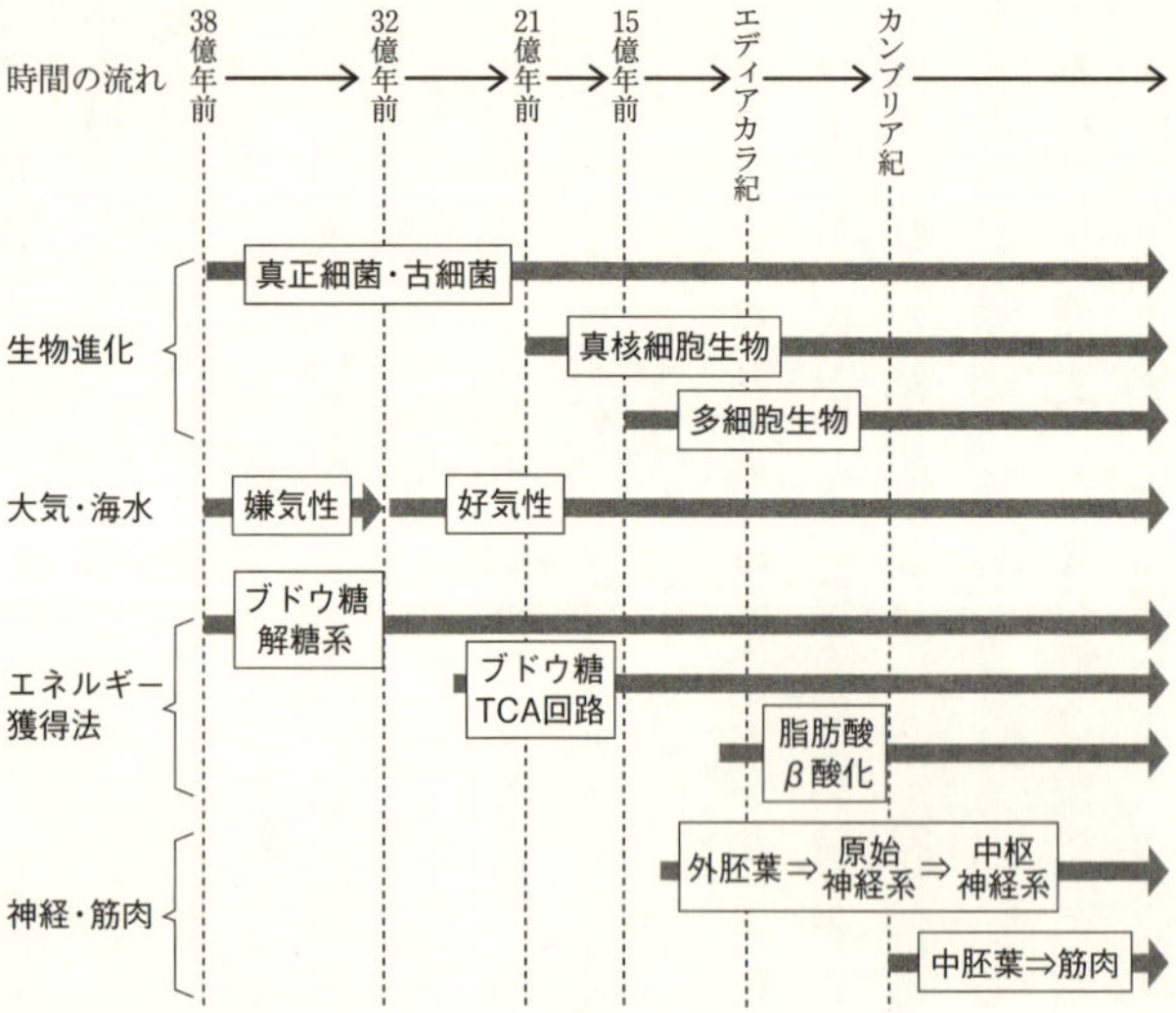

図10　生命進化とエネルギー獲得法の変遷に関する仮説

が開発された。それと同時に、ブドウ糖好気性代謝は旧世代のものとなった。

この新時代に完成した器官が筋肉であり、筋肉は新旧両方のシステムに対応したハイブリッド型エンジンを搭載していた。

しかし、中枢神経系がこの新型エンジンを搭載するには、中枢神経の基本設計から見直さなければならなくなった。

いかに大出力で燃費のよいエンジンであっても、そのために車体すべてを作り直すのはあまりにリスクが大きすぎる。それだったら、ちょっと旧式でも、安定して動く「枯れた技術」を大事に守って使い続けるほうが合理的だ。無理に新型に切り替えて動かなくなったら、それこそ元も子もない。

(2) エネルギー源の変化は地球の進化とともに

1 生命誕生とブドウ糖

最初の生命がどのように誕生したのかについては未《いま》だ定説はなく、RNA‐ワールド仮説やGADV‐仮説などが提唱されているが(ちなみに筆者はGADV‐仮説を支持している)、生命誕生前の海水に何が起きたかは実験で再現されている。

太古の海を模した実験環境では、4種類のアミノ酸(グアニン、アデニン、バリン、アスパラギン酸)、リボースなどの五炭糖、グリセルアルデヒドなどの三炭糖(ブドウ糖の合成素材になる)などが生成されることが確認されている。

そして、これらの4種類のアミノ酸が自然に結合することで高分子化し（自然界で結合反応が進むことも確認されている）、これが酵素として働くようになって、ブドウ糖が生成された可能性がある。

一方、脂肪酸などの脂質が自然生成されたという実験データはない。これは、脂質合成は、外部からエネルギーを与えないかぎり進まない反応だからだ（自然に起こる反応とは、標準自由エネルギーがマイナスになる反応である）。

つまり、自然に脂肪酸が生成されることは原理的にありえないことであり、これは原初の海でも同様だ。また、現在の生命体が利用している脂肪酸合成酵素系は極めて複雑であり、生命進化がかなり進んでから獲得した代謝系と考えられている。

一方、ブドウ糖が絡んでいる代謝系としては、解糖系とＴＣＡサイクルが代表的であり、前者は嫌気性代謝、後者は好気性代謝である。

このうち、さまざまな種類の細菌の代謝系や酵素の分析から、もっとも古い時代に生命体が獲得したのが解糖系であることはほぼ確実とされている（つまり、もっとも古い酵素と代謝系は解糖系に関連したものだった）。そしてどの酵素から原始解糖系が始まったのかも、かなりわかっていて、ピルビン酸付近と、グルコースからグルコース‐６‐リン酸を生成するあたりの酵素が系統的にもっとも古いようだ。

地球で最初の生命は、海底の熱水噴出孔で38億年前に誕生したという説が、現在もっとも有力であり、彼らは熱水に含まれる硫化水素や水素を分解することで、少しずつエネルギーを獲得し、代謝産物として、メタンや硫酸塩を外部に放出していたと考えられている。

やがてできたばかりの新型物質であるブドウ糖を、嫌気性解糖する細菌が出現する。そして原初の地球のように無酸素環境下では、ブドウ糖は極めて使い勝手のよい物質であった。酸素のない海水は還元的環境であり、ブドウ糖（それ自身が強い還元剤である）は安定して存在できるからだ。

しかも、ブドウ糖は6個の炭素原子から成り、解糖系で分解する途中でさまざまな有機物の材料になる。そして何より、硫化水素や水素より多くのＡＴＰを作り出せる。

もちろん、その次の世代に登場するＴＣＡサイクルに比べれば、ＡＴＰ生成量は微々たるものだが、他の競争相手の細菌も同じような代謝レベルで生きているのであれば、微々たるＡＴＰでのんびりゆっくりと生きていく分には、何の不都合もないわけだ。

2　そして脂質代謝が始まる

では、脂質代謝はいつごろ始まったのか。

これについてはまったくわかっていないが、最初の光合成細菌（シアノバクテリア）が地球に誕生したのが32億年前で、これは現在の生物と同じ脂質二重膜を持っているから、その前の世代から、細胞膜のための脂質合成が始まったのは確かであろう。

生命誕生時の細胞膜は、おそらく水溶性物質の膜であろうと考えられている。原始の海で作られた化合物は水溶性であり、それらを細胞内に取り込むには、水溶性物質の膜でなければならないからだ。

細胞膜物質の候補としては、タンパク質が第一候補として考えられている。そして、化学進化（＝生命誕生前の海で自然に起きていた化学反応の進化）をくりかえすことで、簡単な脂肪酸やトリグリセリドが作られ、それをタンパク質膜が取り込むことで、細胞膜は流動性を増し、より高機能な膜に進化したのだろうと考えられている。

では、この脂質の細胞膜を獲得した生命体は、脂質をエネルギー源として利用したのだろ

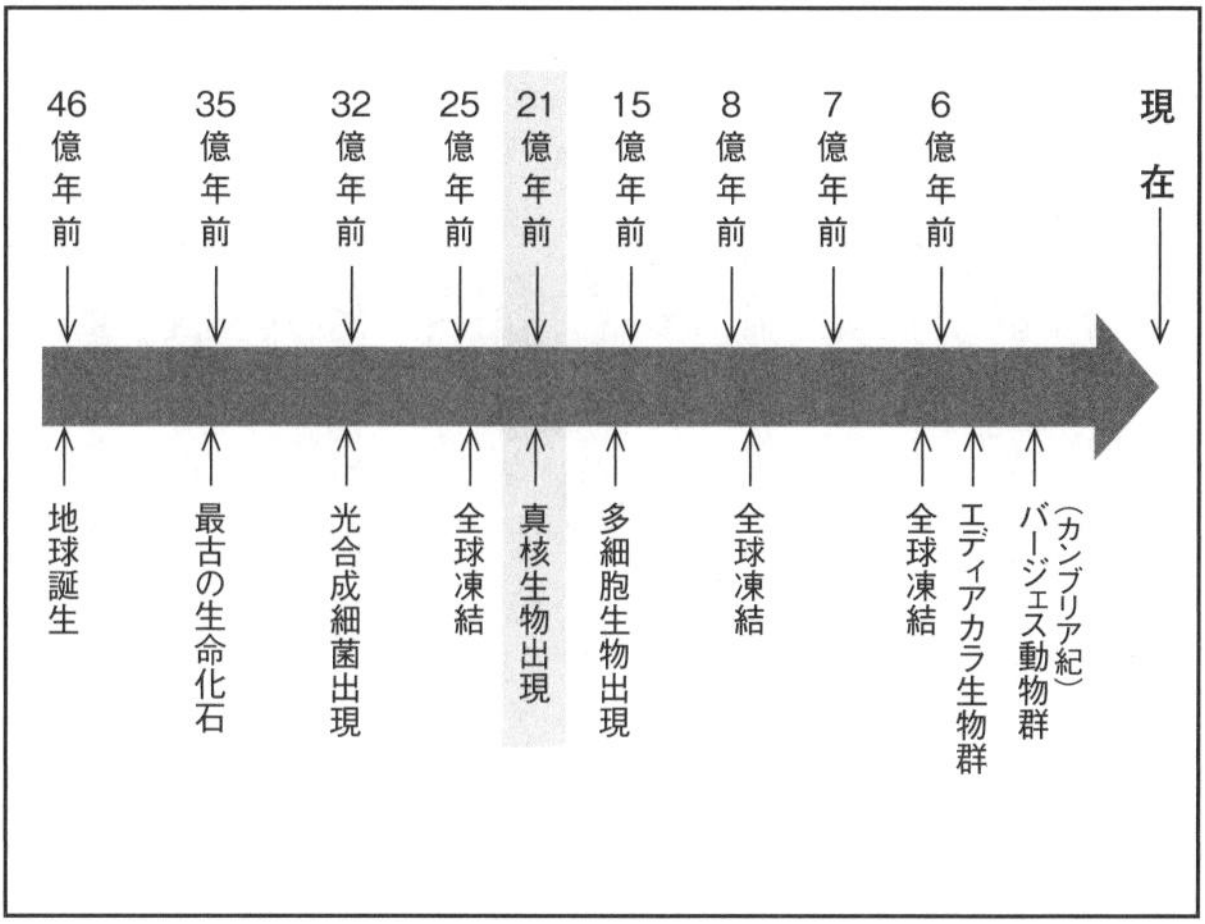

図11　地球上の生命体の歴史

うか。私見では、その可能性はほとんどないと思う。

前述のように、脂肪酸からは大量のＡＴＰが得られるが、それはあくまでも酸素が豊富にあるという前提付きであり、大気と海水中に酸素が増加してくるのは25億年前だからだ。

つまり、それ以前の時代では、エネルギー源として脂質を利用することは不可能であり、細胞膜などの細胞の構成成分とするために、わずかな量の脂質を合成していただけだったのだろう。

3　真核細胞の誕生とブドウ糖

話を「生命体とブドウ糖」に戻すと、次の

一大イベントは、21億年前の真核生物の誕生だ（図11）。

拙著『傷はぜったい消毒するな』（光文社新書）でも詳しく取り上げているように、地球上の全生命体は、大きく3つのグループ（ドメイン）に分かれる。古細菌（アーキア：メタン生成菌、硫黄分解菌など）、真正細菌（バクテリア：大腸菌、肺炎球菌など）、そして真核生物（ユーカリア：原生動物、植物、真菌類、動物）である。

3つのドメインの特徴については前著をご参照いただきたいが、われわれ人間を含む真核生物は、古細菌のメタン生成菌が真正細菌のα-プロテオバクテリアを飲み込み、後者を細胞内共生体としたことから誕生したと考えられている。

古細菌（メタン生成菌）に飲み込まれた、このα-プロテオバクテリアが、私たちのあらゆる細胞（赤血球を除く）に存在するミトコンドリアの祖先であり、私たちが生きていくのに必要なエネルギー（ATP）はすべて、ミトコンドリアが生み出している。

そしてじつは、このメタン生成菌とα-プロテオバクテリアの共生関係の仲介役を務めたのが、ブドウ糖ではないかと考えられているのだ（ニック・レーン『ミトコンドリアが進化を決めた』みすず書房）。

メタン生成菌は、外部から二酸化炭素と水素を取り込んで体内でブドウ糖を合成し、そのブドウ糖を嫌気性代謝（解糖系）することでさまざまな有機物を合成し、体外にメタンを排出する細菌である。

一方のα‐プロテオバクテリアは、外部からブドウ糖を取り込んで分解することでエネルギーを得ている生物だが、好気性代謝でも嫌気性代謝でも利用できる「なんでも屋」であり、外部の酸素濃度によって、どちらか有利な代謝に切り替えることができる器用な細菌だ。そして、嫌気性代謝を行なう場合には、代謝産物として外部に二酸化炭素と水素を排出する。

両者の関係図を見るとわかるが（図12）、α‐プロテオバクテリアがブドウ糖を取り込んで二酸化炭素と水素を発生させ、その二酸化炭素と水素をメタン生成菌が取り込む、という協力関係、蜜月関係が最初にあったらしい。

おそらく両者は最初、隣り合う形で共同生活をしていたのだろうが、やがて両者の接触面積を増やすためにメタン生成菌がα‐プロテオバクテリアを包み込む形に変形していったと考えられる。強固な細胞壁を持つ真正細菌（α‐プロテオバクテリア）は変形できないが、強固な細胞壁を持たない古細菌（＝メタン生成菌）は変形できたからだ。

そして最終的に、メタン生成菌はα‐プロテオバクテリアを細胞内に飲み込んでしまった。

しかし、ここで問題が発生する。α‐プロテオバクテリアは、外部からブドウ糖を取り込めるのに、メタン生成菌は二酸化炭素と水素しか取り込めなかったからだ。メタン生成菌が二酸化炭素と水素からブドウ糖を合成するのを待っていたら、そのなかに取り込まれたα-プロテオバクテリアは餓死してしまう。

ここで両者の蜜月的共生関係は破綻し、共生前のバラバラの状態に戻っても不思議はなかったはずだ。これが真核細胞誕生の最初の危機だったと思われる。

しかしこの時、理由はまだよくわかっていないが、飲み込まれたα-プロテオバクテリアがメタン生成菌に「ブドウ糖取り込みに関する遺伝子」を譲り渡したらしい。そして、幸運にもその遺伝子がうまく働き、ブドウ糖取り込みに成功するメタン生成菌が現れる。これでなんとかメタン生成菌はブドウ糖を取り込んで生き延びることができ、そのおこぼれでα-プロテオバクテリアも餓死を免れる。

しかし、この関係は、周囲に豊富にブドウ糖がある間はいいが、ブドウ糖が乏しい環境では破綻することは目に見えている。α-プロテオバクテリアは基本的に、「ブドウ糖からエネルギー（ATP）を作って利用する生物」であり、メタン生成菌は基本的に「ブドウ糖から有機物を作って利用する生物」だからだ。これが真核細胞誕生の2度目の危機となる。

この危機に際し、α-プロテオバクテリアは自分の手元には必要最低限の遺伝子だけ残し

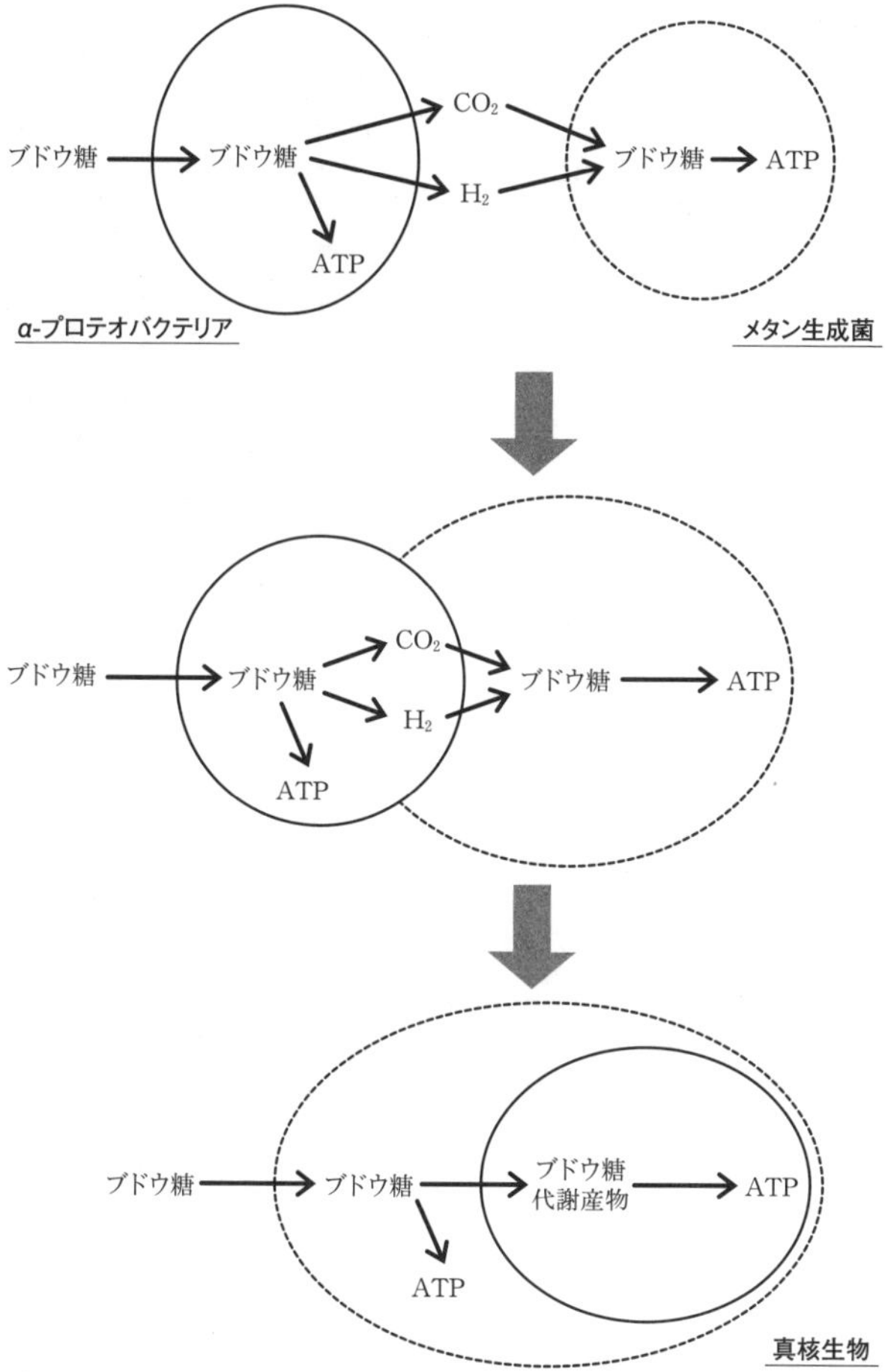

図12　真核生物の誕生(メタン生成菌とα-プロテオバクテリアの関係)

て、その他すべての遺伝子をメタン生成菌側に渡したと考えられている。

その結果、「メタン生成菌側は、外部から取り込んだブドウ糖を嫌気性代謝で分解してATPを作り、その結果できた代謝産物をα‐プロテオバクテリアが取り込んで利用して、さらに多くのATPを作る」という、安定した共生のルールができた。

だが、真核細胞が誕生したからといって、それが生き延びられるわけではない。他の真正細菌や古細菌との生存競争に打ち勝って、生存の場を獲得しなければ、絶滅してしまうからだ。真正細菌も古細菌も、当時の地球環境に最高度に適応した生物だが、新参者の真核細胞（真核生物）はそれらより適応しているわけではないのである。どう考えても真核細胞に勝ち目はないはずだ。

それなのになぜ、真核生物は生き延びられたのだろうか。

4 全球凍結が真核生物にチャンスを与えた

真核細胞生物が誕生したとしても、それが自然界で生きていけるという保証はどこにもない。由緒ある先住民である古細菌や真正細菌の前では、真核細胞生物は、しょせんは、ひ弱な新参者だ。真核細胞生物の生存に有利になる、何らかの事件があったはずだ。

そしてこの時、地球環境が激変する。それが全球凍結（Snowball Earth）だ。

じつは地球は現在までに、全地表面とすべての海が凍結するという、想像を絶する超氷河期を3度経験している。ヒューロニアン氷河時代（24億5000万年前〜22億年前）、スターチアン氷河時代（7億6000万年前〜7億年前）、そしてマリノニアン氷河時代（6億2000万年前〜5億5000万年前）の3回だ（回数については異説もある）。

これらの時代、両極地はマイナス90℃、赤道でもマイナス50℃の極寒となり、すべての大地が厚さ3000メートルの氷で覆われ、海水も深さ1000メートルまで凍っていたことが、スーパーコンピュータの解析で明らかになっている。しかもそれが数千万年以上続いたのだ。

最初の全球凍結をもたらした原因は、シアノバクテリアという光合成細菌と、大陸移動の結果できた超大陸と考えられている。

シアノバクテリアは、32億年前に誕生したと考えられている生命史上初の光合成を行なう生物、つまり、太陽光と二酸化炭素と水から有機物を合成することに成功した生き物だ。

他の生物（当時はまだ古細菌と真正細菌しか存在していないが）が、自然に合成された有機物や、他の生物の排泄物をエネルギー源にしていたのと比べると、自前でエネルギーを調達できる革命児だった。

当時の地球の大気は、高濃度の二酸化炭素とメタンを含んでいたが、シアノバクテリアはこの二酸化炭素と、ふんだんにある太陽光線を使ってエネルギーを作り出すことに成功し、二酸化炭素に含まれる酸素は不要だったので体外に排泄した。

その結果、大気中の二酸化炭素が消費され、同時にメタンも減少してきた（メタン減少の理由にはいろいろな説があり、定説はない）。メタンと二酸化炭素は温室効果を持つ気体であり、それらが失われたために地球は次第に寒冷化していった。

さらに地殻プレート移動の結果、当時の陸地は赤道付近に集まって超大陸ロディニアを形成していたことも、寒冷化に拍車をかけた。陸地は海水に比べて暖まりやすく冷えやすいからだ。温室効果を持つ気体が失われ、冷えやすい陸地が赤道に集まっていたため、次第に陸地は氷に覆われるようになり、氷は太陽光を反射するため太陽光が地表に到達しなくなり、地球は坂を転げ落ちるように寒冷化し、全球凍結に突入したらしい。

いわば、シアノバクテリアという新種の生物が作り出した酸素がもたらした、環境汚染である。

全球凍結は、地球に誕生した生命が最初に遭遇した危機であり、多くの生命体が死滅したと考えられるが、幸運だったのは、海底火山や熱水噴出孔の活動が全球凍結と関係なく続いたことだった。

火山や熱水噴出孔周辺では、生物は1000メートルの厚さの氷の下でも生き延びられたし、浅い海底火山の周囲では、シアノバクテリアも生き延びて、わずかに届く太陽光を頼りに、細々と光合成を続けることができたと考えられている。

やがて全球凍結が終わり（全球凍結終了は火山活動が一気に活発化したことと、海底のメタンハイドレートの噴出が原因と考えられている）、地球はまた温暖な気候に戻るが、シアノバクテリアは以前にも増して増殖し、世界中の海で酸素を作り始め、その結果、大気中の酸素濃度は再度上昇していく。

この時には、赤道付近に集まっていた陸地が両極方向に移動していたため、酸素が増加しても、前回のような寒冷化は起こらなかったようだ。この時代に生まれたのが、最初の真核細胞だったと考えられている。この酸素が多い環境が、偶然にも彼らに味方したのだ。

原始真核細胞にとって幸運だったのは、細胞内共生体のα‐プロテオバクテリアが、酸素を使った好気性代謝ができたことだ。

酸素は活性酸素を発生してＤＮＡを直接破壊する毒物だ。38億年前に太古の海に誕生した

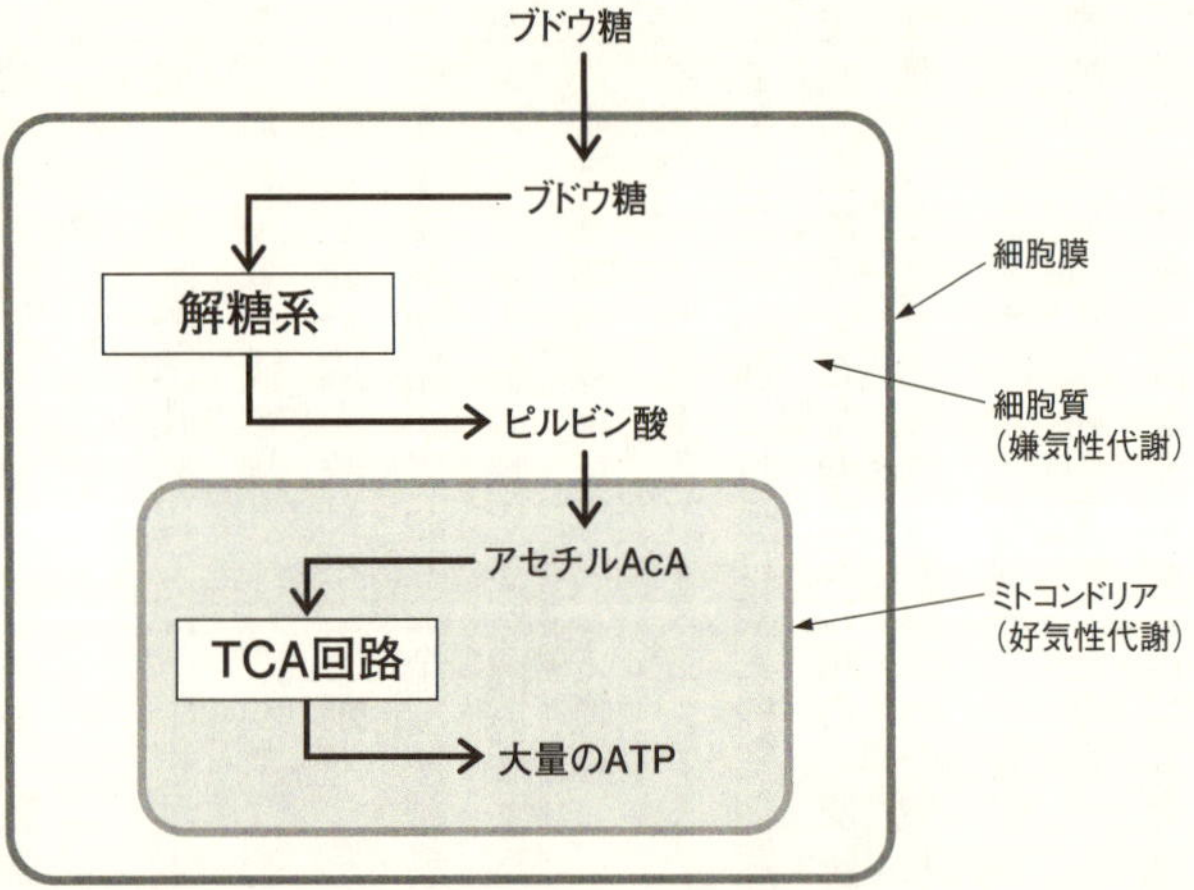

図13　真核細胞の進化

生命体が生き延びられたのは、当時の地球の大気にも海水中にも、酸素がほとんど含まれていなかったからだ。酸素が豊富にある環境だったらDNAはただちに破壊され、誕生したての生命は死滅したはずだ。

そういう状況で、シアノバクテリアが酸素を作り、酸素濃度が上昇してきたわけだ。その結果、嫌気性代謝しかできない古細菌と真性細菌は、酸素のない湖底や地底に逃れるしかなかったが、逆に好気性代謝ができる真核細胞と、一部の真正細菌には絶好の環境となり、ライバルがいない広大な世界が彼らの前に広がった。

それどころか、真核細胞内のα - プロテオバクテリアは、ピルビン酸（ブドウ糖を嫌気性分解して生じる化合物）をＴＣＡサイクルに投入することで、嫌気性代謝時代の19倍ものＡＴＰを生み出すという離れ業を開発した（図13）。

酸素のない状態では弱者連合に過ぎなかった２種類の生物の共生体は、酸素という毒物を武器に、最強のモンスターとなった。

それにしても不思議なのは、酸素が増加する時まで、真核細胞内のα－プロテオバクテリアが好気性代謝の経路を温存していたことだ。酸素がない環境では好気性代謝能力は宝の持ち腐れ・無用の長物でしかなく、好気性代謝に必要な酵素（酸素がないのだから使い道がない）を作るためにエネルギーを余計に使ってしまうからだ。

また、真核細胞誕生のタイミングが全球凍結終了後のシアノバクテリア大繁殖のタイミングより前だったら、おそらく真核細胞は生き延びられなかったはずだ。あるいは、酸素濃度上昇のタイミングが遅れていたら、使い道のない好気性代謝の酵素を捨て去っていたかもしれない。

同様に、大陸移動で両極地域に大陸が移動していなければ、再び全球凍結が訪れてしまい、誕生したばかりの真核細胞は全滅していた可能性もある。

このように考えると、真核細胞が生き残ることができたのは、まさに奇跡的だったといえる。

5　2度目の全球凍結

そして、14億〜10億年前に地球最初の多細胞生物が出現する。多細胞生物は、真核生物が集合体を作り、集合体の一部は細胞膜が融合して1個の細胞に複数の細胞核を持つ状態になり（多核細胞化）、一部の集合体は細胞膜が癒合しない多細胞化への道を歩んだ結果だと考えられている。

現在の私たちの体は、脂肪細胞という特殊な細胞に、エネルギーを脂肪酸の形でストックしておき、それをメインのエネルギー源として使う方式をとっている。多細胞生物が脂肪酸の貯蔵と利用を始めるのは、2度目の全球凍結であるスターチアン氷河時代（7億6000万年前〜7億年前）がきっかけだったと私は考えている。

脂肪酸はβ酸化という反応でアセチルCoAという物質に変化し、これがTCAサイクルで使われることでATPを生じるが、1分子あたりでブドウ糖の4倍ものATPが作れるのだ。酸素がある状態なら、ブドウ糖代謝より圧倒的に効率的である。

2度目の全球凍結も、最初の全球凍結同様、あらゆる生命体にとって過酷極まる時代だが、一部の多細胞生物は細胞内に脂肪酸を溜《た》め込み、それを少しずつ使って生存のためのエネルギーを得る方式を編み出したのではないだろうか。

つまり、少しでもエネルギー源となる物質があれば、それを取り込んで、素早く脂肪酸に転換して貯蔵し、エネルギー源が枯渇して飢餓状態が続くと、ストックした脂肪酸を少しずつ切り崩していく、という生き方である。

安定した状態では非常時の備えは不要だが、安定した状態が望めなければ、それに対応した生き方を編み出すしかないのである。

おそらく、この全球凍結の時に、多細胞生物はさまざまな「エネルギーの体内貯蔵」方式を試したはずだ。ブドウ糖を溜め込む方式、二糖体〜多糖体で貯蔵する方式、タンパク質を溜め込む方式、脂肪酸をストックする方式などが試されたと思われるが、水溶性物質を細胞質内に貯蔵すると細胞内の浸透圧が上昇し、その結果、細胞外から細胞内に水が移動して細胞が膨化して破裂してしまう。だから、ストックするとしたら、非水溶性物質貯蔵方式しか選択肢はない。

さまざまな試行錯誤の結果、ブドウ糖を難溶性多糖体に変換して溜め込む方式（現在の植物はこの方式）、中性脂肪を溜め込む方式（現在の動物）が選ばれたと考えられる。

とはいっても、この時期の多細胞生物のエネルギー源は、ブドウ糖がメインだったはずだ。脂肪を溜め込む方式が始まったからといって、ただちに脂肪が効率よく使えるようになるわけではないからだ。

脂肪代謝のような複雑な反応系を完成させるためには、さまざまな試行錯誤が必要であり、それまでは、安定したブドウ糖の好気性代謝で生活するほうが理にかなっている。

6 最後の全球凍結

多細胞生物が［無胚葉生物（＝外胚葉のみ）］→［二胚葉生物（＝外胚葉＋内胚葉）］→［三胚葉生物（＝外胚葉＋中胚葉＋内胚葉）］という進化の歴史をたどったことについては、前著『傷はぜったい消毒するな』で説明したとおりである。その過程で、体表面（＝外胚葉）が外部情報センサーとなり、そのセンサーが二胚葉生物では分散神経系に分化し、やがてわれわれの中枢神経に進化したというのが私の仮説である。

最後の全球凍結であるマリノニアン氷河時代（6億2000万年前〜5億5000万年前）が終わり、地球は再び温和な気候に戻るが、この時、海は一気に大型生物で溢《あふ》れた。それがエディアカラ紀と呼ばれる時代である。

現在、この時代の100種類以上の生物の化石が発見されているが、体長1メートルを超える化石が確認されていて、マリノニアン氷河時代前の生物はせいぜい数cm程度だったことからすると、一気に巨大化したことがわかる。

エディアカラ紀の生物は当然、外部環境の情報を得るために体表面にセンサーを備えていたが、外部センサーはその前に完成していたはずだから、外部センサーのエネルギーはブドウ糖の好気性代謝から得ていたはずだ。

しかし、5億4300万年前に始まるカンブリア紀になると、事態は一変する。視覚を持つ動物が出現したのだが、彼らは最初から高度に完成した眼を持っていた。たとえば、三葉虫はこの時代の代表的動物だが、地球に登場した最初期から、極めて高度な目を備えていたことが確認されている。

視覚は触覚や嗅覚に比べ、情報量は桁違いに多く、情報を得られる範囲も桁違いに広くなり、情報が伝わるスピードはそれこそ「光速」であり、嗅覚の比ではない。

そして同時に、カンブリア紀に史上初の捕食動物（肉食動物）が誕生する。

その結果、カンブリア紀の海は、追うものと追われるものがせめぎ合う、殺伐とした生存競争の世界になってしまった。エディアカラ紀の海は、捕食動物は存在しない基本的にのんびりした世界だったが、カンブリア紀の海は、生き馬の目を抜く世界となる。狩るものも狩られるものも、どちらも「眼」を備えていたからだ。

こうなると、のんびりと波に漂っていては獲物を捕まえられず、逆に自分が獲物になってしまうのが関の山だ。

かくして、視覚と運動機能の軍拡競争の幕が切って落とされる。被捕食動物は捕食動物が近づこうとしているのを目で見て察知し、瞬時のうちに逃げる方向を判断して逃げなければ生きていけない。そして、捕食動物は逃げる被捕食動物を捕まえるために、素早く動けなければいけないし、そのうち動きを予測して、先回りする能力も必要になる。さらに被捕食動物は、捕食動物のそういう動きを察知してかく乱する方法を開発する。

まさに際限ない軍拡競争であり、眼と筋肉と神経を研ぎ澄ましていく必要がある。

おそらくここで、筋肉を俊敏に動かすために、脂肪代謝という新型エンジンが試されたのだろう。カンブリア紀の動物はさまざまな運動様式を実験し、それに合わせて新型エンジンの仕組みも磨きあげ、その結果、脂肪酸でもブドウ糖でも動くハイブリッド型の筋肉が完成し、肉食動物という新時代の旗手が誕生したと考えられる。

そして同時に、情報かく乱物質である脂肪酸を神経から切り離す必要も生じたはずだ。それ以前の、肉食動物のいない世界では、感覚器から入る情報そのものが少ないし、多少の情報かく乱があっても困ることはなかっただろうが、生き馬の目を抜く肉食動物の時代では、情報の乱れは命取りになる。

かくして、血管神経関門（血管脳関門の前身）を備えた血管で神経組織を取り囲み、神経系を脂肪酸から守ることにしたのだろう。そしてそれは、生き延びるために必須の装備になった。

7　非常用貯蔵物質としてのグリコーゲン

ブドウ糖とは切っても切れない関係にあるグリコーゲンについても考えてみよう。

グリコーゲンは、ブドウ糖がグリコシド結合で重合《じゅうごう》した高分子であり、これを分解するとブドウ糖が得られる。人間では肝臓と筋肉に貯蔵されているが、動物界には広く普遍的に存在する高分子である。

動物ばかりか、昆虫の体内からも見つかっていて、現在では、蚕の卵において、冬期間の不凍液として機能していることが確認されている（正確に言えば、グリコーゲンをグリセリンやソルビトールなどの糖アルコールに変えて貯蔵し、これが不凍液として機能している）。昆虫からも見つかっているということは、その起源は非常に古い物質なのだろう。

人間の場合、グリコーゲンは、火事場の馬鹿力が必要になった緊急時に利用されるエネルギー源だ。つまり、日常的な動作や作業では、脂肪酸代謝で得られるＡＴＰで十分だが、突発的な事件が起きた時には、それだけではエネルギーが不足することになる。

そんな時に、手っ取り早くブドウ糖に変換できるグリコーゲンが使われるのだ。そして、とりあえずグリコーゲンで急場をしのげば、いずれ脂肪酸代謝があとを引き継いでくれる。野球でいえば、脂肪酸代謝が不動のエース・ピッチャー、グリコーゲンはワンポイント・リリーフだ。

体内に貯蔵されているグリコーゲンは、肝臓に１００グラム、筋肉に３００グラムほどで、激しい運動をすると1時間ほどで枯渇するといわれているが、「エースが登場するまでのつなぎ役」なので、大量になくてもいいと考えるとわかりやすい。何より、火事場の馬鹿力が必要とされる緊急事態は、そんなに長く続かないものだ。

グリコーゲンの合成促進を行なうホルモンは、インスリン1種類であるのに対し、グリコーゲンの分解促進に働くホルモンは、先にも述べたとおり、グルカゴン、アドレナリン、成長ホルモンなど複数存在する。これも合目的的といえる。

グリコーゲンはあくまでも、「非常事態用貯蔵物資」だから、とりあえず最低量が貯蔵庫に入っていれば十分である。だから合成促進ホルモンは、インスリン1種類で十分だ。

しかし、いったん非常事態になってしまったら、一刻も早くグリコーゲンを分解してブドウ糖を放出しないと、緊急事態に対応できない。だから、保険をかける意味で、分解を促進するホルモンは数種類備えておいたほうがいい。

さらに、「最低限必要なブドウ糖の量」は、緊急事態発生時にはわからないから、過剰に肝臓のグリコーゲンを分解して、多めのブドウ糖を作って血液中に放出するはずだ。大は小を兼ねるからだ。

だから、脂肪酸代謝が追いついてきたら（＝ブドウ糖が必要なくなってきたら）、余ったブドウ糖は速やかに貯蔵庫（＝肝臓、筋肉）に戻したほうがいい。何しろ、過剰な血液中のブドウ糖は、血管を傷害するからだ。そしてこの「ブドウ糖回収」もインスリンの役目となった。

Ⅷ　糖質から見た農耕の起源

（1）穀物とは何か

1　穀物栽培が糖質摂取を可能にした

さて、最終章では、ヒトがなぜ、どのようにして、農耕を開始するにいたったかについて、考察してみることにする。

従来の栄養学では三大栄養素といえば、炭水化物（糖質）、タンパク質、脂質であるが、タンパク質・脂質と炭水化物では、大きく異なる点がある。炭水化物は植物性食物からしか摂取できないが、タンパク質と脂質は、植物性食物からも動物性食物からも摂取できるという点だ。前述のように、ヒトは消化管の構造からすると、もともとは肉食動物であり、その後、食物の範囲を広げて雑食動物となったと考えられているため、植物性食物からしか得られない炭水化物は、ほとんど口にすることがない食物だったと思われる。初期人類が生活していた環境では、糖質は植物の葉や茎や根、そしてイネ科植物の種実にのみ含まれる物質で、その量は非常に少なかったからだ。大量の糖質を持つ植物が登場するのは、人間が品種改良してからである。

現在の私たちは、大量の糖質（＝デンプン＋砂糖）を摂取しているが、デンプンの原料は穀物かイモ類、砂糖の原料はサトウキビか甜菜（サトウダイコン）である。すなわち、私たちが食事から摂取する糖質はすべて植物由来であり、それらは農耕作物だ。

このうちサトウキビは、数千年前にすでにニューギニアで栽培されていたが、栽培には豊富な水と肥料と莫大な労働力が必要なため、17世紀になるまで大規模栽培は行なわれなかった。

一方、甜菜は紀元前6世紀ごろから栽培されていたが、それは葉を食用とするための栽培であり、砂糖を取るための栽培は18世紀半ばまで行なわれていなかった（ちなみに、砂糖のための栽培に最初に挑戦したのは、ナポレオン・ボナパルトである）。

つまり、17世紀以前の人類の圧倒的多数は、砂糖とはほぼ無縁の生活を送っていたわけだ。

また、イモ類も1万年以上前から栽培されていたが、その多くは原産地（＝熱帯地方）での栽培であった。ジャガイモが一般に食料として普及するのは産業革命のころであり、これまた人類史からすると、ごく最近の食べ物である。

一方、穀物の栽培は、1万2000年前のメソポタミアやエジプト文明にまでさかのぼることができる（穀物栽培開始の年代について他の説もあるが）。

最初に栽培されたのはコムギだが、コムギの灌漑農法は人類史上最大の革命の一つであり、ごく短い時間で世界各地に広まったことがわかっている。

つまり、人類と糖質の付き合いは、穀物栽培から始まったのだ。

そして、穀物栽培の開始とともに、人類の人口増加が始まるのだが、これは、長期保存が可能で、狭い耕地で大量に収穫できるという穀物の特性が可能にしたものだった。その意味で、穀物は人類文明を発達させた原動力であり、人類文明を支えてきた偉大なる縁の下の力持ちである。

イネ亜科	イネ属	米(イネ)
イチゴツナギ亜科	オオムギ属 コムギ属 ライムギ属 カラスムギ属	オオムギ コムギ ライムギ カラスムギ、エンバクなど
キビ亜科	トウモロコシ属 キビ属 エノコログサ属 ヒエ属 モロコシ属 チカラシバ属	トウモロコシ キビ アワ ヒエ モロコシ(コウリャンなど) トウジンビエ
ヒゲシバ亜科 ……など	オヒシバ属	シコクビエ

図14　イネ科の穀物

逆にいえば、もしもこの地球上に穀物という植物種が存在しなければ、人類はここまで増加・繁栄することはなかったかもしれない。人間が食用にできる植物は多数あるが、穀物と置き換えられる植物は他にないからだ。

2　穀物とは？

そもそも、穀物とはどういう植物なのだろうか。

一般的な穀物の定義は、「人間が食料としている植物のうち、デンプンの多い種子を食用にしたもの」である。

つまり、生物学的・植物学的な分類ではなく、人間の食を基準に作られた分類である。

さらに、穀物には「狭義の穀物」（図14）と「広義の穀物」がある。

前者はイネ科の植物の種子を指し、後者には、イネ科植物のほかにマメ科やタデ科の植物の種子も含まれる。ようするに、人間が食用にしたか否か、デンプンが多いか否か、で決められた、極めて恣意的な分類と言える。

また、主食作物であるコメ、ムギ、トウモロコシを主穀、コメとムギ以外のイネ科の穀物であるヒエやアワを雑穀と呼んでいる。ヒエやアワにとっては名誉毀損《きそん》的な呼び名であるが、裏を返せば、人類にとってコメ、ムギ、トウモロコシがそれほど重要だったのだ。

それにしても、穀物はなぜ、種子にデンプンを蓄えているのだろうか。

植物の種子は、胚と胚乳から成り、前者は葉や根になる部分、後者は栄養分の貯蔵庫である。種子が発芽して葉が地上に出て光合成が始まるまでの間、胚は種子のなかの物質からエネルギーを調達しなければならない。胚乳はそのためのエネルギー貯蔵庫だ。

このため、イネ科植物の胚乳はデンプンで満たされているし、アブラナ科植物の胚乳には脂肪が詰まっている。一方、マメ科植物の種子には胚乳がなく胚のみであるが、この胚は貯蔵庫も兼ねていて、タンパク質が詰まっている。

ようするに、種子が発芽して光合成が始まるまでの間のエネルギー貯蔵物質が、植物ごとに異なっているわけだ。

イネ科植物の種子はデンプンを貯蔵しているが、発芽と同時にアミラーゼが作られ、デンプンを分解してブドウ糖にし、それをエネルギーとして利用している。

発芽した麦を麦芽《ばくが》と呼ぶが、人類が作った最古の酒である古代エジプトのビールは、麦芽のアミラーゼを利用して麦のデンプンを分解し、それをアルコール発酵させることで作られたといわれている。これはまさに、エジプトがムギの原産地の一つだったからこそ可能だったといえる。

3　なぜ穀物だったのか、なぜコムギだったのか

それにしても、無数にある植物のなかで、なぜ最初にコムギを栽培したのだろうか。他の植物でなかった理由があるのだろうか。

考えられる理由としては、まず、エジプトからメソポタミアにかけての「肥沃《ひよく》な三日月地帯」と呼ばれる地域には、野生種のコムギが広く自生し、しかもこの地域では、他の草本《そうほん》を圧倒する優勢種だったということがある（ちなみに、コメの原種は東南アジアに自生してい

るが、他の草本に混じって控えめに生えている目立たない草である)。

つまり、文明揺籃《ようらん》の地でもっとも目立っているので、選びやすい・選ばれやすい植物だったと言える。

また、イネ科の植物には一般に、穂が熟しても脱粒《だつりゅう》しない突然変異が生じやすいという特徴がある。通常の植物は、熟した実はただちに脱粒して、地上に落下するか飛散したりするが(脱粒しなければ子孫を増やせないから当然である)、種実を食料とする場合には、脱粒は好ましくない。脱粒してしまったあとでは、まとまった数の種実を採取するのは困難だからだ。

この点、非脱粒性の突然変異が起きやすいイネ科植物は、まとまった数の種実を得やすく、人間にとって非常に好都合だった。

しかもコムギは毎年種子をつけ、毎年世代交代するため、脱粒しない突然変異株を見つけて容易に固定化できる。これがもしも、種をまいてから実を付けるまで数年かかる植物だったら、いくら有用な突然変異でも、その固定化には数倍の時間がかかってしまう。

しかも、コムギは自家受粉するために、品種改良がしやすいという特徴もある。つまり、同じ花のなかで受粉可能なため、突然変異を起こした遺伝子が保存されやすいのだ。もしもこれが、他家受粉する植物だったら、非脱粒性の突然変異を見つけたとしても、他の遺伝子を持つ花粉で受精してしまえば、突然変異は次世代に受け継がれない可能性がある。じっさい、他家受粉をする樹木などを品種改良するためには、現代でも、挿《さ》し木や接《つ》ぎ木などの高度な園芸技術が必要なのだ。

さらに野生種のイネ科植物の種実はサイズが小さいが、デンプンの含有量が高くて可食部分が多く、しかも毒性を持つものがない（これがイモやマメとの違い）。また貯蔵が容易であり、長期保存が可能だ。

加えて、イネ科植物の種実を食料にしている動物は、昆虫をのぞけばネズミと小鳥のみであることも、栽培対象植物として非常に有利である。食物の取り合いをする競合相手の種類が少ないほど、対策を立てやすいからだ。

そして決定打となったのは、乾燥地帯で灌漑農法で育てたコムギの驚異的な生産性（＝1粒の種が何倍に増えるか）の高さであり、これは雨水を利用する天水《てんすい》栽培と比較すると、一目瞭然《りょうぜん》である。

古代ギリシアでは、コムギを天水畑で栽培していたが、生産性は1・7倍であり、同様に天水に頼っていた中世ヨーロッパでも同程度であった。

しかし、オアシス灌漑農法によるアッシリアやバビロンでは、平均200倍、豊作時には300倍もの収穫が得られていたという資料が残されている。

まさに「一粒の麦、もし死なずば」である。

(2) 定住生活という大きなハードル

1 定住してはいけない生活から、定住しないといけない生活へ

日本史の教科書の古代史の項目を読むと、「縄文時代は狩猟採集生活だったが、渡来人が稲作を伝えたことから農耕が始まり、弥生時代になった」と、いとも簡単に説明している。

しかし、じつは「狩猟採集生活 → 農耕生活」の変化は、一筋縄《ひとすじなわ》ではいかないのである。

人間は基本的に「定住」しない動物だからだ。

狩猟採集生活とは、自然環境から得られる食料だけで生活することであり、そのためには

一カ所に定住することは不可能だ。一カ所に留まってしまったら、獲物や木の実をすぐに採り尽くしてしまうからだ。そうなったら嫌でも別の場所に移動するしかない。

だから、狩猟採集時代の人間は、基本的に移動生活（遊動生活ともいう）をしていたし、定住はしていないのである。

人類（ホモ属）が決まった場所に生活するようになるのは、クロマニヨン人（現生人類の直接の祖先であり、25万年前に登場）の時代で、それ以前の人類500万年の歴史では、定住生活を送った証拠は見つかっていない。

一方、農耕をするためには「定住」が絶対条件だ。

たとえば、最初期の農耕は、メソポタミアやエジプトにおけるコムギのピット栽培（小さな穴を掘ってそこにコムギの種を蒔《ま》き、少量の水を与える）だったと考えられているが、何しろこれらの地域は基本的に雨があまり降らないので、土が乾燥してくれば、川から水を汲《く》んできて灌漑水を追加しないといけないし、種子が実ってきたら、小鳥やネズミに食べられないように見張りをする必要もあるだろう。

だから、農耕の開始と同時に、否応《いやおう》なしに畑のすぐ近くに「定住」しなければいけなくなった。

ようするに「定住してはいけない」狩猟採集時代から、「定住しなくてはいけない」農耕時代へと、生活スタイルを180度転換しなければならなかったのだ。

しかし、この転換は、予想以上に困難というか、どう考えても不可能にしか思えないのだ。なぜなら、「動物としての本能」が絡んでくるからだ。

2　巣を持つ動物、持たない動物

動物には、定住する動物と定住しない動物がいるが、両者の行動様式はまったく異なっていて、ほとんど正反対といってもいいくらいだ。

そして、それぞれの行動様式は本能に組み込まれているものであり、軌道修正は極めて困難だ。ようするに、定住しない動物に定住させることは、子育てしない動物に子育てさせようとするのと同じで、知能とか訓練とかで変えられるものではない。

定住の目的とは、すなわち「巣」を持ち、そこで子どもを育てることである（だから、子どもが巣立ってしまうと、カップルを解消する動物が少なくない）。巣で子育てをする動物といえば、身近なところではネコやイヌであり、一方、巣で子育てしない動物にはサル、ウマ、ウシなどがいる。

両者の日常を観察していて、もっとも異なるのは排泄行動である。前者は基本的に巣のなかでは排泄せず、巣からちょっと離れたところで排便・排尿し、それも決まった場所で排泄することが多いらしい。

一方、後者の「巣を持たない・巣で子育てしない」動物は、基本的に決まった排泄の場所はなく、食事の最中だろうが移動の最中だろうが、排泄したくなれば排泄するのが基本だ。

これは考えてみれば当然のことで、子育て中の巣のなかに排泄物が溜まってくれば、巣は排泄物で汚れ、その結果としてウジが湧《わ》いたりカビが生え、やがて巣は腐敗していく。これではせっかく産んだ子どもが病気になるのが関の山だ。

それを避けるためには、巣の外で排泄するしかないし、そのためには、決まった排泄場所に行くまで排泄を我慢するという行動様式を本能に組み込むしかない。

だから、イヌやネコにトイレの場所を教えるのは難しくないし、彼らも決まった場所で排泄しようとする。本能にそのようなプログラムが組み込まれているからだ。

一方、後者の「巣を持たない動物」は、つねに移動して生活しているから、どこで排泄しようと問題はない。巣を持たないから「排泄物で巣が汚染」という問題がそもそも存在しないからだ。

ウシやウマが歩きながら糞をするのは理にかなっているし、樹上のサルが場所を気にせず垂《た》れ流しなのも同じ理由だ。

だから、こういう動物に「決まったところで排便しろ」と教え込もうと思っても、うまくいかない。基本的に、本能による動物の行動は変化しないものだからだ。

テレビに登場する「天才チンパンジー」が、赤ちゃんのようにオムツをつけている様子を見たことがあると思う。あれだけ多彩な芸を披露し、高い能力を示す天才チンパンジーでも、長い時間排泄を我慢するのは難しいことがわかる。

同様に、動物園の猿山のサルは、ボスザルに叱られるとすぐに便や尿を漏らしてしまうし、動物園のゴリラの檻《おり》の前には、「ウンチを投げつけることがあるので刺激しないように」という注意書きが必ず書かれている。いずれも彼らが、基本的に「排尿・排便を我慢する本能がない」からである。

あらゆるサル（原猿類《げんえんるい》、真猿類《しんえんるい》、霊長類）は巣を持たないし、巣で子育てをする本能も組み込まれていない。そしてそれは、数百万年前に霊長類から分岐したと考えられているヒト属のご先祖様も同じなのである。

3　オムツをする赤ん坊

現在われわれは、「定住」をあたかも人類本来の生活様式と考えてしまうが、他の霊長類と同様、ヒト属の基本は遊動生活なのである。

それは赤ん坊を見ているとよくわかる。彼らは基本的にウンチ、オシッコは垂れ流しであり、これはサルやウシやウマと同じだ。

だからこそ私たちは、赤ん坊が生まれると真っ先に、紙オムツを買いにスーパーに走るわけだ。そして、そのオムツ生活は数年間続くことになる（ちなみに「赤ん坊のウンチ、オシッコは垂れ流し」を基本にしている文化は現在でもかなり多い）。

おまけに、トイレでウンチをするように子どもをしつけるのがこれまた大変で、オムツがとれるのは早くても2年ほどで、小学校入学後でも寝小便をする子どもは珍しくない。日中はオシッコを我慢できても、熟睡してしまうと本能を抑えているタガが外れ、「オシッコは我慢しなくていい」という本能が「オシッコは我慢しなければいけない」という後天的に獲得した習慣に打ち勝ってしまうのだろう。

その点、イヌやネコは、いとも簡単にトイレを覚えてくれる。それはもちろん、人間の赤ん坊が馬鹿でイヌやネコが賢いからではなく、そもそもその行動が本能に組み込まれているか否かの違いである。

4　定住だけでも大変なのに

「定住しない」動物が「定住する」のは、トイレ問題一つ取ってもどれほど厄介《やっかい》なものかがこれでわかったと思う。

おまけに、家族などの最小限の社会だけで生きていける狩猟採集生活とは違い、農耕生活はどうしても、集団での共同生活にならざるをえない。灌漑農法でコムギを育てるには、川にできるだけ近いところが有利であり、川から離れれば離れるほど灌漑水を得るのが難儀だ。だから、コムギ栽培を始めた人は、できるだけ有利な場所に住もうとし、必然的に川に近いところに集まらざるをえない。

つまり、コムギ栽培を始めたとたんに、単なる「定住生活」ではなく、「定住かつ共同での生活」にならざるをえない。

つまりこの時点で人類は、それまで経験したことのない「赤の他人たちとの共同生活」に直面するわけだ。定住しただけでも問題山積なのに、他人との共同生活まで加わるのだ。

たとえば前述のトイレ問題（＝決まった排泄場所を決める）がそうだ。好き勝手に排泄していた生活から、排泄の場所を固定するだけでも大変だったのに、今度は他の家のトイレの位置までを考慮に入れなくてはいけなくなる。他の家の近くに排泄したら、必ず争いになるからだ。

つまり、各々が好きなところにトイレを作ることができた時代は去り、否応なく「トイレを作るルール」を作って、全員で守ることが必要になり、そのルールを作るために、駆け引きとか妥協とか協力とか、それまでになかった「他人と付き合うための技術」が求められる時代になったわけだ。

同様に、狩猟採集生活なら、ゴミはその都度《つど》ポイ捨てすればいいが、定住共同生活では、それでは済まなくなるし、死者が出たら死体をどうするかも、みなでルールを作っておく必要がある。

また、もめ事が起きた時にどうやって解決するかという基本ルールも決めておかなければいけない。

ようするに、ルールなしでも生きていけた世界から、すべてルールでがんじがらめにしないと生きていけない世界に変わったわけである。

現在の私たちが、国際法や憲法から、地域でのゴミの分別法や小学校のホームルームでの手の挙げ方まで、あらゆることにルールがある生活をしているのは、1万年ほど前のご先祖様が、定住生活を始めてしまったからである。

狩猟採集遊動生活では、同じ地域で暮らしていたヒト属と顔を合わせても、お互いのテリトリーを犯さないかぎり問題は起きなかっただろうし、たとえ争いなどの問題に発展したとしても、「そこから逃げる」という解決法があった。つまり、何か問題にぶつかったら逃げれば何とかなった。というか、そもそも「定住」していないのだから、「逃げる」という意識すら浮かばないはずだ。

嫌なこと・困ったことにぶつかったらとりあえず逃げる(移動する)、というのが、狩猟採集生活の基本的な態度だったと思われる。逃げた先で食料が得られれば、「逃げた」ことはデメリットにならないのだから、それがベストの解決法である。

しかし、定住共同生活ではそうはいかない。逃げ出すということは、コムギ栽培に便利な場所を離れ、不便な場所に移動することになってしまうからだ。

しかも、昔ながらの狩猟採集生活に戻ろうにも、狩猟の技術も知識ももう忘れているから戻れない。だから、嫌なことがあっても共同生活のルールを守り、他人ともめ事を起こしたらそれを何とか解決しなければいけない。

何とも面倒な生活になったものだが、農耕によって得られた「安定した食料供給」という魅力の前では、本能を抑えこんで猫をかぶって生きていくしかなかったのだ。

5　定住が先、農耕はあと

このように考えてみると、「狩猟採集遊動生活」から「定住生活」にライフスタイルを切り替えたこと自体が、奇跡というか大革命だったことがわかる。

定住生活なしに農耕は始まらないのだから、まず最初に定住生活に切り替えてみて、定住生活につきもののさまざまなトラブル（例：トイレ問題、ゴミ問題、近所付き合い問題）を解決できるようになり、その次の段階として農耕が始まったはずだ。

すなわち「狩猟採集＋遊動生活」→「狩猟採集＋定住生活」→「農耕生活」という順序でなければいけない（西田正規《まさき》『人類史のなかの定住革命』講談社学術文庫）。

つまり、人類が乗り越えるべき壁は、「農耕」を始めることではなく、「定住」に慣れることだったのだ。「定住」のベースがあったからこそ、人類は「農耕」が始められたのであり、「定住」なしにいきなり「農耕」を始めるのは不可能なのだ。

となると最大の謎は、狩猟採集遊動生活で普通に暮らしていたであろう人類が、なぜ、七面倒くさいことだらけの定住生活に踏み切ったかという動機だ。経済学用語を使えば、「定住生活に踏み出させたインセンティブ（＝それをやりたいという気持ちを引き出すもの）は何だったのか？」である。よほど強力なインセンティブがないかぎり、人間は慣れ親しんだ生活を捨てないはずだ。

何しろ当時の人間にとって、定住とは、霊長類時代から受け継いできた本能をねじ曲げる過激な荒技だったからである。

（3）肉食・雑食から穀物中心の食へ

1　初期人類は何を食べていたか

そもそも初期人類は何を食べていたのだろうか。

前述のように、人類の消化管の構造は肉食動物に類似していて、草食動物の消化管とはまったく違っているし、草食霊長類であるゴリラとも違っている。

少なくとも消化管の構造を見るかぎり、初期人類は、肉食動物か、あるいは肉食をメインとする雑食と考えるのが妥当なようだ。

その初期人類が何を食べていたかだが、初期人類の化石はアフリカ大陸大地溝帯《だいちこうたい》付近の、かつて川や湖だった場所で発見されることが多いようだ（現在は草原だが、当時は草原ではなかったようだ）。

水辺で捕らえることができる小型哺乳類や爬虫類、さまざまな昆虫、そして貝類などが主要な食材だったと想像される。それらに加えて、水辺の環境で手に入る木の実や果実などを、手当たり次第に食べていたのだろう。そして、巣穴を持たず、食物を求めて少数のグループで、遊動生活を送っていたのだろう。

初期人類がアフリカに登場したのは今から500万年前（700万年前という説もある）であるが、地球の歴史全体を俯瞰すると、比較的平穏な気候が続いた500万年間だったといえる。地球上では、これまで何度も、天変地異ともいうべき気候の大変動があり、そのたびに生物の大量絶滅があったからだ（例：4億4400万年前のオルドビス紀末、2億5100万年前のペルム紀末、そして、6500万年前の白亜紀末など）。

このような、比較的平穏な気候を背景に、初期人類は水路沿いに生息範囲を広げていったが、およそ10万年周期で氷河期が襲ってきたため、寒冷になった地域に生息していたホモ属は絶滅し（絶滅の原因はまだ正確にわかっていないが）、そのたびに新しいホモ属がアフリカで誕生してはゆっくりと生息範囲を広げ、栄枯盛衰をくりかえしたようだ。

そして25万年ほど前、現在の私たちの直接の祖先と考えられる、最初のホモ・サピエンスが、アフリカ東部に誕生する。この当初のホモ・サピエンスは、それ以前のホモ属とほとんど同じ遊動生活で、食性にも変化がなかったと思われる。この時期は多少の気候変動はあったものの、変化は長期間には及ばず、ホモ・サピエンスはゆるやかに数を増やしていったようだ。

しかし、7万年前に、最終氷期と呼ばれる地球最後の氷河期が襲来し、気候がめまぐるしく変動する時代に突入する（氷河期とは、平均気温が低いだけでなく、気候の変動の幅が極端に大きいのが特徴である）。

そして最終氷期の始まりの時期にホモ・サピエンスは一気に数を減らしたらしい。ミトコンドリアＤＮＡの分析などから、全世界でわずか２０００人までに減少したという研究があるくらいだ。

この個体数は、現在の絶滅危惧種であるインドサイ（２０００〜３０００頭）と同程度であり、この時にホモ・サピエンスが絶滅しても、不思議はなかったかもしれない。

だが、ホモ・サピエンスは死に絶えることはなく生き続け、同時に、この時期にホモ・サピエンスには大きな変化が生じた。突如として絵画芸術を生み出し（例：ラスコー壁画）、死者を丁寧に葬《まつ》るようになり、宗教の萌芽《ほうが》が明らかに見て取れるようになるのだ。

また石器に模様を刻み、多種多様な形態と機能を持つ石器を作るようになった（それ以前にもホモ・サピエンスは石器を作っていたが、数十万年間にわたり、石器自体に大きな変化はなく、工夫を加えることもなかった）。

つまり、５００万年間にわたりほとんど変化のなかったヒト属は、５万年ほど前に突如として「新しいものを生み出す創造主たる脳」を手に入れたのだ。

同時に彼らは、「衣服と糸と針」という大発明を成し遂げ、重ね着という優れた防寒法を考案する。防寒衣服を身にまとうことができたホモ・サピエンスは、最終氷期という過酷な環境をものともせずに順調に生息範囲を広げ、両極地方をのぞくすべての大陸に進出することに成功する。

一方、同時代に生きていた同じホモ属のネアンデルタール人は、ホモ・サピエンスより体が大きくずんぐりしていて寒冷地仕様の体型であったが、最終氷期は乗り切れずに絶滅している（ネアンデルタール人絶滅の理由にも諸説あるが）。

衣服を身にまとったとはいえ、この時期のホモ・サピエンスは、基本的には遊動生活のままで、まだ完全な定住生活ではなく、食材に大型哺乳類が加わった程度で、食性には大きな変化は見られていない。

2 ピスタチオとドングリの森

そして、1万5000年前ごろ、最終氷期の寒気が次第に緩《ゆる》んできて、植物の植生が徐々に変化する。

最終氷期では、地中海沿岸まで針葉樹林が広がっていたが、気候の変化とともに針葉樹の森は次第に後退し、乾燥地は草原に、草原は広葉樹林に変化していった。

その結果、寒冷期に適応した大型動物は、後退する針葉樹林を追って移動し、新たに広がった草原や広葉樹林では、そこを生息地とする哺乳類が増えてくる。

ここで、一部のホモ・サピエンス（ヒト）は大型動物を追って北上したが、一部のヒトは、目新しい樹木（＝広葉樹）が生い茂る森に留まった。

この時、地中海東岸から東に広がる丘陵・山地に留まったヒトに幸運だったのは、この地がナラなどのオーク、ビャクシン、ピスタチオ、カエデ、野生のナシの原産地だったからだ。

とくに、ピスタチオがこの地に自生していたことは幸運中の幸運だった。ピスタチオは熟すと生で食べられるし、殻に自然に割れ目が入って素手で割れるからだ。しかも、脂肪56％、炭水化物21％、タンパク質17％と、偶然にもそれまでの「肉食主体の雑食生活」の代用として十分な食品であり、さらに大量に収穫でき、おまけに長期保存もできた。この時ヒトは、ピスタチオの森にいれば食べ物に困らないことに気がついたはずだ。

かくして、ピスタチオの森の近くの崖の割れ目や洞窟に住み着く生活が始まったと思われる。人類定住化の第一歩である。

ピスタチオの実がなる時期に、集められるだけの実を集めて保存し、それがなくなれば、森近くの川辺で食べられそうなものを採取した。このようにして、地中海東岸の山地に生息していたヒトは、次第に定住生活に慣れていった（もちろん、他の地域に暮らすヒトは遊動生活を続けていたが）。

やがてヒトは、ピスタチオだけでなくドングリも食糧にしようと考えた。いかにも食べられそうな実が大量になっているからだ。

だが、ドングリは難物だった。実にタンニンを含むため、そのままでは食べられないからだ。ドングリを食糧とするためには、殻を割り、石臼《いしうす》で挽《ひ》いて粉にし、長時間水にさらしてタンニンを抜く、という、面倒で手間のかかる作業が必要だ（現在でもドングリはこの方法で粉にされている）。

しかし、面倒とはいえ、大量のドングリを短時間で収穫できる魅力に抗するのは難しいし、何より、粉にしてしまえばいつでも簡単に食べられ、長期保存も可能だ。

この時期の遺跡からは、人類最古の石臼が発見されていて、ドングリを粉にするための道具と考えられている。「脳という創造主」は食べるための工夫を厭《いと》わず、次々に新しい発明をし、工夫を重ねていくのだ。

「ドングリ可食化」のおかげで、食糧の心配がなくなったが、それと引き替えに、石臼を回し続けたり粉にしたドングリを水にさらしたりするため、長時間の労働を余儀なくされることになり、作業場で過ごす時間が長くなった。

同時に、石臼のある場所から動けなくなってしまった。ピスタチオの時代にはなかった「食うために長い時間働く」という生活が始まったのだ。

そして、長時間、労働の場に釘付けにされるようになり、ヒトの定住化は一層進むことになる。

ちなみに、ドングリにはさまざまな種類があるが、多くの種類は、乾燥重量の7割前後が炭水化物である。すなわち、ヒトが人類史上初めて、炭水化物主体の食べ物を恒常的に口にするようになったのは、このドングリの森だったのだ。

しかも、ドングリの森は山地に広がっていたため、山を垂直方向に移動するだけで多種多様な食物が手に入ったし、この地域の高地ではヤギの原種が、低地ではヒツジの原種が生息していた。

当初、これらの草食動物は捕まえてすぐに食べていたが、その後、「非常時の食糧」として身近に置くようになり、これがヤギ・ヒツジの家畜化の始まりとされる（ちなみに英語で家畜は livestock、つまり「生きた貯蔵庫」である）。

これらの草食動物は、人間と食べ物が競合せず、食べる植物の種類も多いため、非常時の食糧としては最適だった。

このようにして「狩猟採集＋遊動生活」から「狩猟採集＋定住生活」へとヒトの生活様式はゆっくりと変化していったと考えられている。

ドングリを食糧とするために長時間の労働は必要になったが、いつでも簡単に食べられて長期保存もできるドングリ粉の魅力と利便性には勝てなかったのだろう。

ちなみに、7万年前に2０００人にまで減少したホモ・サピエンスは、2万年前には2０0万～5００万人、1万年前には5００万～1０００万人に増えている。体重40～50キロの霊長類が、自然界の食糧のみで暮らせる個体数の上限は、おそらくこのくらいなのだろう。

3　ドングリの森からコムギの平原へ

このような、ドングリに依存した定住生活は約2０００年続いたが、一部のヒト（以後、人間と呼ぶことにしよう）は、ドングリの森を離れて平地に向かった。

その明確な理由はよくわかっていないが、もしかしたら、霊長類本来の遊動生活への衝動が目覚めたのかもしれないし、あるいは２０００年も続いた平穏無事な生活のくりかえしに飽きたのかもしれない。

しかしもっとも直接的な理由は、ドングリの収穫量が年ごとに変動したことではないかと想像される。そこで暮らす人数が少ないうちは、多少変動しても何とか対応できるが、人口が増えてくれば、収穫量の変動は大問題となる。当然、より安定した収穫が可能な食物を求めるようになる。

そしてもう一つ問題がある。ドングリの木は、種から芽が出てから、ドングリを付けるようになるまでに何年もかかることだ。つまり人為的に増やす（＝栽培する）ことが、一年草や二年草のように容易ではないのだ。人口が増えたらドングリの木を増やして食糧を増やす、という手段が使えないのだ。

そんな理由から、豊穣なドングリの森からふもとの平地に降りた一団がいたらしい。もちろん、非常食であるヒツジを連れていくのも忘れなかっただろう。

そして、メソポタミアの無人の平野で彼らが目にしたのは、一面に広がるエンマーコムギの自生地だった（中東には現在でもこのようなエンマーコムギの広大な自生地がある）。

この野生種コムギは、最初、人間の食糧ではなく家畜のエサとして利用されていたと考えられている。このコムギは原種（=脱粒性）であり、引っこ抜くと穂がバラバラになるため、茎や葉の部分を家畜に食べさせるしか利用法がなかったからだ。

その後、何らかの理由から、コムギを人間の食用として栽培するようになるわけだが、この時代はまだ、自然の降雨に頼った天水農法であり、収量は低かったと考えられる。

また、収穫したコムギを食用にするのも容易ではなかった。外皮が非常に硬くて胚乳（栄養の多くがここに詰まっている）が脆《もろ》く、胚乳を分離しにくかった。そして、種実に粒溝《しわ》と呼ばれる溝があって、種実から外皮を均一に除くことが困難だったことが理由だ。

ヒツジならば硬い外皮も食べられるが、人間にとってこの外皮は、煮ても焼いても消化できないのだ。

そこで、ドングリの森で培《つちか》った「石臼で挽いて粉にする」技術を応用したのだろう。コムギをまるごと石臼で挽き、あとで外皮を吹き飛ばして、粉状になった胚乳だけを得るという方式である。これが小麦粉の起源だ。

現在でもコムギは小麦粉の形でしか利用されていないが、これは「コムギの外皮問題」に対して、人類が石臼方式以外の解決法を考案できなかったことを意味している。人類が成し得たのはせいぜい、石臼を動かす動力源を、人力から動物力、風力、水力、電力にしたことくらいである。

いずれにしても、この時代から、人間の歴史は「安定した食糧を見つける」↓「人口が増える」↓「食糧不足になる」↓「新しい食糧を見つける」↓「さらに人口が増える」……というイタチごっこになり、それは現在も続いている。

4　灌漑農業の始まり

エンマーコムギの自生地を定住地に定めた一団がいた一方、そこでは飽きたらずに（?・）さらに移動した一団がいた。何らかの理由でコムギの種を持って移動した彼らは、平地を流れる大河に到達する。

その地にコムギは生えていなかった。コムギは本来、半乾燥地に自生する野草であり、川の近くには、もっと水分の多い土壌に適した植物が繁茂《はんも》していた。

そこで彼らは、水気の多い土地でもコムギの種が発芽することを発見する。しかも、今まで見たこともない勢いでコムギが伸びているのだ。

原産地の降雨量ではほどほどに育っていたコムギが、水をちょっと増やしてもらっただけで「爆発的な生産力の高さ」という秘めた能力を開花させたのだ。

まさに「水を得た魚・水を得たコムギ」である。

ここまでくれば、あとは試行錯誤をくりかえして、適切な水の量、水やりの回数、ベストな土の状態をさぐり出していくだけだ。

そしてついには、灌漑（＝乾燥した大地に外部から水を供給する農耕方法）というまったく新たな技術が完成し（メソポタミア地方では紀元前6000年ごろの遺跡から、灌漑の証拠が発見されている）、それは人類史の大革命となり、やがてメソポタミアやエジプトの地を席巻する。

ほどなく灌漑は、水路を造ったり井戸を掘るなどして水を管理するという、より大規模なものに発展する。この時点で、それまで個人が単独で行なってきた農耕は、集団・地域単位で行なうものに変化し、人が集まったところはやがて都市になった。

当初は野生種をそのまま栽培するだけだったが、非脱粒性の品種を見つけたり、穂の数が多い突然変異を選んだり、実が大きい株を探したりと、たゆまぬ品種改良が行なわれ、コムギはさまざまな特性を持つ種類に分化していく。

なにしろコムギは毎年必ず種をつけ、しかも自家受粉するために品種改良がしやすいのだ。

観察眼さえあれば、努力は必ず報われるのだ。よい方向への変化が目に見えるのであれば、それは努力を続けるインセンティブを生む。

おまけに、コムギはずば抜けた収量の高さを誇っている作物である。つまり、灌漑に適した土地と最低限の水さえあれば、地域全員が食べていけるのだ。

しかも、収穫後の種実は保存性が高く、いつでも好きな時に小麦粉に挽いて食べられる。さらに小麦粉はデンプンを多く含み、とりあえず空腹を満たすのに最適だ。

コムギの灌漑農業が始まった土地では人口が増加し、増えた人口を支えるためにさらに耕地が拡大された。1万年前に500万〜1000万人だった世界の人口は、キリスト誕生のころには1億人を突破し、産業革命のころには10億人を超える。

そして灌漑農業は世界各地に広がり、人口の増加はさらに加速することになる。

コムギの灌漑農法が確立して、大量のコムギが安定的に収穫できるようになったことから、人類の食は大きく変化した。それまでの「肉食主体の雑食」から「炭水化物主体の雑食」へという変化だ。

5 灌漑農業と文明

その後、コムギは世界各地で栽培されるようになり、それとともに栽培技術も伝播《でんぱ》していく。そして、コムギ栽培の成功を受けて、オオムギなどのムギや、他のイネ科の植物（コメ、ヒエ、アワ、トウモロコシ）なども栽培され、いずれも成功を収めていく。穀物と灌漑技術は、荒野を次々に、肥沃で豊穣な農地へと変えていった。

穀物はその生産性の高さから、狭い耕地でも多くの人口を支えることを可能にした。その結果として、集落の規模が大きくなった。人口が増えて労働力が増加し、それがさらに大規模な水路の開発などの土木作業を可能にし、その土木工事がさらなる耕地拡大をもたらすという、農耕の拡大再生産が始まったのだ。

同時に、灌漑に適した土地を広く所有する者は、多くの穀物の種実を所有することができ、しかもその種実は保存性に富んでいるのだから、貧富の差が自然と生じたであろうことは容易に想像できる。また、新たな水源の確保には、事前の綿密な計画と多数の人員を動員しての労働が必要となり、計画立案・指揮命令する人間が必要になる。皆が同じ仕事をしていた社会から、異なった仕事をする者が混在する社会になる。

かくして社会は必然的に階層化していく。

また、農耕というのは、「将来得られるであろう食物のために、半年間、労働を続ける」という作業であり、半年後の収穫に対してよほど強い確信がなければ続けられるものではない。「未来のために、今は苦しいけど頑張る」という意識・考え方はおそらく、農耕が始まってから生まれたものであろう。

つまりそれ以前の、「空腹になったからドングリを食べる」「目の前に食べられそうな生き物がいたから捕まえて食べる」という時代では、「現在」が中心にあって、それに直近の過去と直近の未来が付随するという時間感覚で生きていたはずだ。

しかし農耕は、そういう時間感覚とはまったく違う、1年を一つのサイクルとする、はるかに長いタイムスパンの時間感覚を要求する。おそらくその時間感覚は、人間の意識そのものを変えたはずだ。

このように考えてみると、肥沃な三日月地帯におけるコムギの灌漑農法が、その後の人類史を方向付けたといえそうだ。もしもこの地域にコムギの原種が自生していなかったら、人類史はまったく異なったものになった可能性すら浮かぶ。

そして少なくとも、コムギの栽培がなければ、コメを栽培することは絶対になかったことは確かである。コメの原種は東南アジアなどに自生しているが、前にも述べたように、湿潤多雨な東南アジアでは、コメは他の圧倒的に繁茂する草本に紛れるように生えている、ごく目立たない「その他大勢」的な草であり、コムギの原種が見せていたような「見渡すかぎりコムギの草原」的な、目立つ生え方はしていなかったからだ。

つまりコメは、「コムギに似た草を見つけよう」という意志を持って見ないかぎり、絶対に目にとまらない、地味で特徴のない雑草の一つでしかなかったのだ。

(4) 穀物栽培への強烈なインセンティブ

1　穀物栽培開始は必然なのか、偶然なのか

現在、私たちは、コムギやコメ、トウモロコシなどの穀物から大量のデンプンを摂取する

食生活を享受（？）しているが、それはここまでみてきたように、６０００年前に肥沃な三日月地帯で始まったコムギの灌漑農耕の開始に起源がある。

コムギの灌漑農耕が成功したからこそ、コメやトウモロコシの栽培も始まったし、穀物の高い生産性があったからこそ、私たちは１年を通じて１日３食、デンプン主体の食事が食べられるようになり、また、トウモロコシを飼料として育てた家畜の肉や乳製品をふんだんに口にできるようになったのだ。

そして穀物栽培は、人類の人口増加を引き起こし、耕作地の新規開拓とともに人類の分布域を拡大させ、その社会構造を複雑化させる原動力となり、今日の人類の繁栄を支える縁の下の力持ちとなった。

もしもイネ科の植物が地球に存在しなかったら、ホモ・サピエンスはせいぜい、ドングリ中心の狩猟採集定住生活より先に進めなかったかもしれない。

では、人類が穀物の栽培を始めたのは、必然だったのだろうか、それとも偶然だったのだろうか。

私は偶然の要素が強かったと考えている。

前述のように、最終氷期の終了とともにドングリをつける広葉樹の森が広がり、その森で暮らすようになったホモ・サピエンスが、ドングリを食べるようになるのは必然だったと思う。そして、肥沃な三日月地帯の山岳地の森に暮らす一派が山から下り、そこで原種コムギの草原を目にするのも自然な流れと言える。

しかし、そのコムギを「栽培しよう」という発想は、自然に出てくるものだろうか。いくら一面に原種のコムギが生えているとはいえ、人間が食べるには種実が小さすぎ、その実を食べてみようという発想はまず浮かばないはずだし、そもそも原種コムギが食物に見えたかどうかも怪しいものだ。

ましてや「乾燥した大地で灌漑によりコムギを育て収穫する」という農耕は、「コムギを本来の生育環境でないところでわざわざ育てる」ことであり、実現のためにはいくつものハードルを超えなければならず、よほど強い確信がないかぎり、実行不可能だと思う。

2　最初の1人がいなければ、何事も始まらない

ここまで、人類の定住からコムギ栽培が確立するまでの歴史を、私なりにまとめてみた。「当たらずといえども遠からず」程度には正しいと思う。だが、メソポタミアの平原に生え

ていた原種コムギを見て、なぜこの草を栽培しようとしたのか、という疑問が最後まで残るのである。

前述のように、人間が最初に原種のコムギと出会った時には、それを人間の食用ではなく、家畜のエサとして利用したのはほぼ確実である。

では、家畜のエサのためにコムギ栽培を始めるかというと、それはありえないはずだ。この野生種コムギは肥沃な三日月地帯に無尽蔵《むじんぞう》に生えていたのだから、わざわざ育てなくてもいくらでも手に入るからだ。つまり、「家畜のエサとして育て始めた」という可能性はない。

そして何より、このコムギ原種を見て「食用」と認識するはずがない。人間の食べ物としては小さすぎるからだ。それまで食べていたピスタチオ（こちらのほうは現代のピスタチオと遜色《そんしょく》ないサイズらしい）と比べたら、コムギの種実の大きさはそれこそ月とスッポンである。

ピスタチオなら、わずかな手間で数百粒が集められ、そのまま生で食べられて腹一杯になるが、コムギは粒が小さいうえに、生では食べられないのだ（硬い外皮と実が分離できないため）。

そしてコムギは、食べられる物だとわかったとしても、じっさいに食べるまでにはいくつもの手順を経なければ食物になってくれない厄介なシロモノだ。

こんな物をいったい誰が「育ててみよう」と考えるだろうか。

もちろん、現代の私たちは「コムギは200倍、300倍に増える効率がよい作物だ」とか、「一年草で自家受粉するので、粒が大きく脱粒しない品種に改良するのは簡単だ」とか、「年間500㎜程度の降水量でも栽培可能」とか、さまざまな知識を持っているから栽培しているが、それはあくまでも現代人の後知恵であり、最初に栽培した人にとっては、この草がその後に奇跡的な作物として大化けするなんて、まったくあずかり知らぬことである。

「このちっぽけでみすぼらしい草の実は、後に立派な作物に変わるであろう」という神のお告げを聞いたとしても、それで栽培を始める人間はいないと思う。

しかも、植物の栽培というのは、「今すぐには利益がないが、半年後には利益が得られる」作業であり、「半年間、毎日頑張って、ようやく十分な見返りが得られる」という行為である。つまり、半年後に間違いなく多くの収穫が得られると分かっているから、水やりとか雑草取りに精を出すが、収穫の半年前の時点ではなんのメリットも報酬もない。おまけに最初に栽培を始めた人間には、それが「半年後の利益」になるという確信すらない。

しかしそれでも、最初にコムギの栽培に挑戦した人がいたからこそ、農耕は始まったのだ。

最初の1人が何らかの理由で栽培を始めなければ、それは永遠に始まらなかったはずだ。そうであれば、最初の栽培者にとって原種コムギは、「食用になる」以上のメリットがあったと考えるのが自然だろう。つまり、最初の栽培者には、コムギ栽培を思いついて実行するのに足る強力なインセンティブがあったはずだ。

3　「甘み」は人間を虜にした

最初の栽培者は「コムギの甘さ」に驚き、それをもっと味わいたくて栽培を始めた、というのが私の考えたシナリオだ。

私たちは、身近に砂糖や甘い果物があるので甘さに慣れっこになっているが、当時の肥沃な三日月地帯の植生から考えると、彼らが甘いものを口にする機会はほとんどない。

そういうなかで、コムギの麦芽は例外的に「甘い食物」であり、最初の栽培者は、おそらく生まれて初めて口にする「甘さ」に驚愕《きょうがく》したはずだ。穀物は、発芽すると自然に甘くなる性質を持っているからだ。

前述のように、穀物の胚乳はデンプンを主成分としているが、発芽する際に、胚乳自身がアミラーゼを作ってデンプンを分解し、ブドウ糖に変え、それからエネルギー（ATP）を作るのだ。

つまり、発芽したムギの種子は、ブドウ糖を含み、自然に甘くなっている。おそらく偶然に、発芽したムギを口にしてしまった人間は、人類史上初めて体験するブドウ糖の甘さに陶《とう》然《ぜん》とし、我を忘れただろう。

ブドウ糖の甘さをいったん知ってしまうと、その魔力から逃れるのは難しい。これほど食べ物が溢れている日本でも、「甘いモノは別腹」と公言してはばからない人間が多いことが、何よりそれを雄弁に物語っている。

甘さとはそれほど強烈な味覚であり、強力な習慣性を生むのだ。それは最初に麦芽の甘さを知った人間にとっても、例外ではなかったはずだ。

もちろん、人類が最初に口にした炭水化物は、コムギではなくドングリである。コムギに出会う前、肥沃な三日月地帯の人類は、数千年間、ドングリの炭水化物で生活していた時期があった。

だが、同じ炭水化物といっても、ドングリとコムギでは決定的に異なる点がある。ドングリ粉に含まれる炭水化物はそのままでは甘くないし、茹《ゆ》でたり焼いたりしないと食べられず、長い時間噛んでいるとほんのり甘くなる程度だが、コムギの麦芽は、手を加えなくても甘いのだ。

この違いは大きい。手軽に味わえたからこそ、コムギの甘さは人を惹《ひ》きつけ、虜《とりこ》にし、そして依存症患者を生んだ。

この「甘い草の実」の噂はほどなく集落を駆けめぐり、甘みを求めて草の実集めが始まる。そのうち、まだ甘くない発芽前の実を水に浸《つ》けておくと、芽が出て甘くなることを発見する人間が登場し、これにより「いつでもどこでも甘いもの」が口にできることになり、コムギの穂自体に価値が生まれる。

そして、コムギの種をドングリ用の石臼で挽くと殻が取れて粉になり、その粉を集めてこねて焼いてみようとする人間が登場するのは時間の問題だろう。そうして小麦粉で作ったクッキーは、ドングリ粉のクッキーより美味だった。

やがて「食べる快楽」という、それまでになかった楽しみが生まれてくる。

そして人間は、快楽のための努力や創意工夫には、骨惜《お》しみをしない生き物であった。

（5）穀物に支配された人間たち

1　そしてコムギ栽培が始まった

前の項で、最初に山を下ってエンマーコムギの平原にたどり着いた一団のことについて書いた。このコムギは当初、人間の食用ではなく、ヤギやヒツジのエサという位置づけだったと考えられている。

当然、山に残ってドングリ食生活をしていた民との間で、ドングリとコムギの交換があったと想像されるが、当初の交換レートは、主要食物であるドングリのほうが圧倒的に高く、家畜のエサにしか用途がないコムギは二束三文だっただろう。

しかし、コムギが美味なる食料だとわかると、コムギに付加価値が加わり、両者の交換レートは瞬《またた》く間に逆転する。そうなると、コムギを多く持つことに価値が生まれ、それはコムギ栽培を行なう強力なインセンティブを生む。同時に、山ではなく平地に暮らすことにメリットが生まれる。

さらに、コムギの甘さの虜になる「糖質依存症患者」が増えれば増えるほど、人為的にコムギを増やすことのメリットも増大する。麻薬や覚醒剤が莫大な富を生み出すように、コムギもまた富をもたらすのだ。

その後、灌漑農耕により、コムギの持つ素晴らしい生産性が人々を驚かせ、ますますコムギ栽培熱が高まっていく。

こうなると、「一粒の麦、もし死なずば」という生産性の高さは、神からの賜《たまわ》り物として神格化されていくのも自然な流れだろう。じっさいに世界中には、穀物神の伝説や神話が多数ある。

たとえば、ギリシャ神話では、デメテルは豊穣神（地母神《じぼしん》）で、その娘のペルセポネーは麦の穀物神だ。ローマ神話には豊穣神ケレスが登場するし、エジプト神話の女神イシスは、つねにコムギを手に持っている。

また、日本神話に登場するオオゲツヒメ（大宜都比売、大気都比売神）の名前の「オオ」は「多」の意味、「ケ」は食物の意で、穀物や食物の神である。彼女はスサノオに斬り殺されるが、頭から蚕が、目から稲が、耳から粟《あわ》が、鼻から小豆が、陰部から麦が、尻から大豆が生まれたとされている。

イネ科植物の優れた特性から、そこには神が宿っていると古代の人たちが考えたのは、当然といえよう。

かくして、神と同列の地位を与えられ、穀物の炭水化物から作られた食品も神聖視される。イエス・キリストは「最後の晩餐」で、パンを取って弟子たちに「これがわたしのからだである」と最後の説教をした。

日本の皇室でもっとも重要な儀式である大嘗祭《だいじょうさい》（＝皇太子の天皇即位式）では、稲の初穂を神に供え、稲の持つ霊力によって天皇の霊魂の再生と復活を祈願する。白米の飯を神（＝祖霊）に供える儀式は、日本各地の神社にあまねく見られるし、正月になると日本の各家庭では、神様に食べていただくために鏡餅を供え、そこに新しい年の歳神様が宿るようにと祈願する。

私の想像が正しいかどうかは証明のしようがないが、「最初のコムギ栽培者」が、この雑草を育てるにいたった動機としては、「甘さの虜になったから」説は、ありえない話ではないと思っている。

2　穀物栽培は、人間に幸福と健康をもたらしたのか

穀物栽培は、人間に毎年の安定した収穫を約束した。つまり、年ごとに変動する降水量や気候に左右されやすい狩猟採集生活からの脱却であり、自然に依存した生活から、自然から自立した生活への大転換である。

また、穀物の保存性の高さも、人類にとって福音だった。肉類はどうしても短期間で腐敗してしまい、それを防ぐために人はさまざまな工夫をしてきたが、穀物の場合は、乾燥状態にするだけで何年間も保存できるし、それを食用にすることも、種として畑に蒔くことも可能だった。

その結果、穀物が食事の中心になり、安定した食糧を手にしたことで人口は着実に増え、穀物の種を携えて耕作地を増やすことも可能になった。

水さえ調達できれば、未開の地は耕地に変身し、その地で食料調達が可能になる。そして、地上のあらゆる土地が人間のための食料生産地になった。穀物を神の恩寵《おんちょう》と考えるのも当然だろう。

しかし、物事はいいことばかりでない。

穀物は「空腹を満たす物」としては優れているが、「食料」として優れているわけではなかったからだ。人間本来の栄養成分ではない糖質を主成分としていて、体が必要とするタンパク質と脂質に乏しかったからだ。

そしてじっさい、穀物栽培が始まった時、人間は「栄養不足」に見舞われている。すなわち「食べ物の量は十分だが、栄養は不足」という状況に陥ったのだ。

これは雑誌『科学朝日』41巻12号（1981年）に掲載されている「骨で見分ける古代人の生活ぶり」という論文に明確に書かれている。

これを読むと、狩猟採集民は農耕民より長命であり、しかも穀物栽培の開始と同時に幼児死亡率が上昇していたのである。

この論文では、アメリカのインディアン・ノール貝塚（紀元前3400～紀元前2000年ごろ）と、ハーディン・ビレッジ遺構（西暦1500～1675年）の調査が紹介されている。前者が狩猟採集社会、後者はトウモロコシが主食となった農耕社会である。

両者でさまざまな比較が行なわれたが、もっとも対照的だったのは、4歳未満の小児死亡率だった。石器時代のインディアン・ノールでは、新生児と12カ月未満の乳児の死亡が多く、

16世紀のハーディン・ビレッジでは、1歳から3歳の幼児死亡が多かったからだ。

ハーディン・ビレッジでの幼児死亡の高さの原因は、離乳食が原因と考えられている。現代でも南米では、トウモロコシの粉を柔らかく煮た粥が離乳食として与えられているが、この糖質しか含まない粥を食べさせると、乳幼児に下痢が多発するのだ。おそらくハーディン・ビレッジの乳幼児たちも下痢を起こし、低タンパク血症をきたし、死んでいったのだろう。

また、狩猟採集時代には、人間はさまざまな食物を食べる雑食生活をしていたが、農耕が始まると、大量にとれる栽培穀物だけを食べる単一食品生活になり、食事の内容はどうしても、炭水化物に偏ったものになる。同時に、狩猟をしなくなったために、動物系タンパク質は必然的に不足してしまう。

つまり、狩猟採集時代とは、「栄養のバランスがよく、健康状態も優れていたが、人口密度は低かった」時代であり、農耕時代とは、「栄養のバランスが悪く、不健康になったが、人口密度は高くなった」時代なのだ。

さらに、農耕は人間に長時間労働を課した。確かに収穫は多かったが、その収穫量を維持しようとすると、当初予期していなかったトラブルが生じ、その解消のために工夫と労働が必要になったからだ。それが連作障害である。

一つの畑にコムギを栽培し続けると、コムギの成長に必要な土壌中の成分が消費されて、しだいに減少し、それが限界値以下になるとコムギはもう育たなくなる。これが連作障害だ。古代エジプトでは、毎年定期的に氾濫《はんらん》するナイル川が新たな養分を運んできていたため、連作障害は起こらなかったが、灌漑農耕ではそういう自然の恵みは期待できない。だから、コムギを同じ畑で連作するためには、人間が人為的に肥料を与えなければいけなくなった。ようするに、ナイル川の氾濫の代役として、人間が肥料を撒くわけである。

もちろん、肥料が加えられた土壌では、またコムギが育つようになったが、人為的に肥料を加えた畑は、コムギ以外の植物にとっても絶好の生育環境になってしまい、畑には雑草が生い茂るようになった。その結果、雑草取り作業も必要になった。

かくして、穀物栽培は大量の穀物をもたらしてくれたが、そのために必要な労働も増えていった。穀物は人間を田畑に縛り付けるようになった。穀物を収穫するために朝から晩まで働き、働き続けるためには穀物を食べて腹を満たさなければならなくなった。食べるために働き、働くために食べる時代の始まりであり、これが狩猟採集生活との最大の違いだ。

この状態は、人間が穀物を支配しているのだろうか、それとも穀物が人間を支配しているというべきなのだろうか。

確実にいえることは、穀物の灌漑農法が始まって以来、人間の生活リズム（1日単位のリズム、1年単位のリズム）は、穀物栽培に合わせたものになり、リズムを決めるのは人間ではなく穀物だということだ。

そして同時に、穀物を育てて収穫することが、生活の目的になってしまった。まさに、生活のすべてが穀物中心になり、穀物に合わせて生活するしかなくなった。穀物生産のために骨身を惜《お》しまず働くことが人間の美徳となり、勤勉という道徳律が誕生した。

しかし、狩猟採集生活に目を転じると、まったく異なる生活風景が広がっている。

現在でもカラハリ砂漠で狩猟採集生活を続けているコイサン民族の研究によると、彼らは週に2日程度しか働かず、1日に10km以上歩くこともなく、集団の4割は食料調達の仕事をしていない。

また、1万年前の肥沃な三日月地帯の山地はドングリの森で覆われていたが、人々はわずか3週間で数年分のドングリを収穫でき、ドングリを収穫するのに要する労働力は、コムギやオオムギを収穫するのに要する労働力の10分の1以下だった（ウィリアム・ブライアント・ローガン『ドングリと文明』日経BP社）。

私たちは、穀物のおかげで豊かで健康的に暮らしていると信じてきた。だからこそ、多くの民族や文化では、穀物を神の座にまつりあげた。だがその神は、絶対服従と奉仕を要求する貪欲《どんよく》な神だった。

3　大脳の能力は、穀物により開花した

コムギの栽培が始まる前の人類は、世界中で500万～1000万人だった。狩猟採集生活では、自然の生産力以上に人口が増えることはなく、自然の生産力そのものが生物としての人間の数を決めていた。

しかし、コムギの栽培開始以後、人間の数は劇的に増加していく。穀物は、狭い耕地でも多くの人間を養える生産力を誇っていたからだ。人間の努力と工夫により穀物生産量は増え、それに呼応して人口も増えていった。

その結果、狩猟採集時代にはせいぜい数百人程度だった集落の構成人員は、穀物栽培によって一気に数千人単位に拡大し、同時に、社会は階層化、複雑化し、それによって都市生活者は、前代未聞の問題に次々直面するようになった。

灌漑農業に便利な土地に人々が集中して暮らし、それが都市となったため、人間同士の諍《いさか》いが増え、やがて都市同士の対立が起こるようになったからだ。

狩猟採集・遊動生活時代では、人類の個体数は自然の生産力が制御し、他の人間と顔を合わせる機会そのものが滅多にないので、人間同士が争うこともなかった。何より、面倒なことがあったらそこから逃げ出すという究極の解決法があった。

しかし、穀物栽培のために土地に縛り付けられた農耕時代の人間には、「逃げる」という選択肢はなくなった。このため農耕時代の人間は、狩猟採集時代にはない面倒な問題に次々に直面することになったのだ。

だが、人間の大脳は、次々と押し寄せる難題をクリアしていった。むしろ嬉々として難問クリアを楽しんでいるかのようだった。

大脳はまず言語を発明し、集団内の意思疎通をより確実に行なえるようにした。やがてそれは集団間でのコミュニケーションも可能にし、巨大都市を維持するための必須のツールとなり、後に言語は、民族や国家という概念を生み出した。

同時に大脳は、多数の人間がひしめき合う社会を維持するためのルールを考案し、そのルールは文字というツールと結びついて、法律として明文化されていった。

集団間の諍いが話し合いで回避できない場合は、抗争・戦争となったが、大脳はここでも持てる力をフルに発揮し、次々に武器・兵器を発明し、武器の殺傷力を高めた。武器の発達により戦闘は大規模なものになり、死傷者もそれにともなって増えた。

その死傷者を見て大脳は、負傷者の治療法を案出し、同時に戦死者を葬《まつ》る方法を洗練させていった。

大脳は数字を生み出し、1日、1年という時間の流れを数値化することで、未来に起こるであろう変化を予測して農作業の時期を決めた。一方で、幾何学は土地の明確な配分を可能にした。そして数字と幾何学は、人間を抽象思考の世界に導いていき、大脳はついに「現実」という重い鎖から解き放たれ、脳内に作り上げた抽象世界を新たな遊び場とした。

人類文化史という面で見ると、前にも述べたとおり、今から5万年前が大きな節目となる。このころ、人類は突如として絵画を描き、楽器を作り、石器に模様を刻み、さまざまな分野で創意工夫の才能を発揮するようになったからだ。

この突然の変化について、デイヴィッド・ホロビンは、遺伝子の突然変異により分裂病（統合失調症）がもたらされたが、ホロビンの言う分裂病遺伝子は天才的能力を発揮させる効果もあり、この遺伝子を持った人間は突然、絵を描いたり音楽を楽しむようになった、という魅力的な仮説を提唱している（デイヴィッド・ホロビン『天才と分裂病の進化論』新潮社）。

今から160万年前に登場したホモ・エレクトゥスは、石器を使い、北極圏を除くユーラシア大陸のほとんどの地域に生息域を広げたが、160万年間もの長きにわたり、彼らの使っていた石器に変化はまったく見られなかった。同様に、25万年前に登場したホモ・サピエンスも、最初の20万年間は、ホモ・エレクトゥスと変わらない石器を使い、デザインを変えようともしなかった。

ホモ・エレクトゥスもホモ・サピエンスも、数十万年以上、同じ生活をくりかえして厭《あ》くことはなかった。

そして5万年前のある日、いきなり変化が訪れた。それは、春を経ずに冬からいきなり夏になったかのように、あるいは、いも虫が蛹を経ずにいきなり蝶に変身するかのように、人類の大脳は突如として創造の神に変身した。その変身の原因が、統合失調症遺伝子かどうかは不明だが、変化を嫌って何も生み出そうとしなかった大脳は、変化を好んで次々と新しいものを生み出す大脳に変貌したことだけは事実だ。

5万年前に大脳は、突如として高機能なナニモノかに変身したが、当時はまだ使い道がなく、せいぜい、絵画方面に使われる程度だった。大脳がその持てる力をフルに出すためには、何かきっかけが必要だったのだ。

それが、「穀物農業がもたらした人口増加」であろう。

「尋常ならざる能力」を持ってしまった大脳は、1万2千年前の穀物農業がもたらした「尋常ならざる人口増加」と出会うことで、あらゆる潜在能力を開花させることになった。

人間の大脳は、人口増加がもたらした前代未聞のトラブルに直面するたびに、新たな解決法を編み出し、見事な問題解決能力を披露し続けた。トラブルが大きければ大きいほど、天才遺伝子を持った大脳は、無尽蔵とも思える能力を発揮した。

逆に言えば、人類が穀物と出会っていなければ（あるいは地上に穀物そのものがなければ）、大脳はその持てる能力をフルに発揮できたかどうか疑問だ。

もちろん、創意工夫が大好きな大脳のことだから、早晩、他の植物の栽培を始めただろうが、穀物に匹敵する生産性と、保存性の高さと、豊富なデンプンをあわせ持つ植物は、他にないことから考えると（少なくとも私はそのような植物を思いつかない）、他の植物では、穀物がもたらしたような爆発的人口増加は起こらず、その結果として、人間の社会は小規模なままで、多数の人間がひしめいて暮らす都市は形成されず、人間関係で大きな軋轢《あつれき》を生むことはなかったと想像される。そして大脳も、秘めたる能力を発揮する機会がなかったかもしれない。

　ようするに、5万年前に、人間の大脳は持てあますほどの能力を手にしたが、その能力を解放したのは、穀物がもたらした爆発的人口増加だったのだ。おそらく、どちらか一方が欠けていても、その後の人類の発展はなかったと思われる。

　一方、穀物は高濃度のデンプンを含み、容易に至上の美味なる食物に変身した。穀物のおかげで、気候や環境の変化に振り回されてきた時代は去り、食料がつねに安定して得られる時代になった。

　その結果、穀物が神として崇められ、信仰の対象となったが、これは自然の流れであろう。なぜなら、食は命そのものだからだ。

　そして穀物は人類に、「神への祈りとして農作業に勤《いそ》しめ」と命じた。神の命令は、絶対だった。

4　神々の黄昏――穀物は偽りの神だった

　しかし、その神は偽《いつわ》りの神だった。穀物という神は、確かに1万年前の人類を飢えから救い、腹を満たしてくれた。その意味ではまさに神そのものだった。

しかしそれは現代社会に、肥満と糖尿病、睡眠障害と抑うつ、アルツハイマー病、歯周病、アトピー性皮膚炎を含むさまざまな皮膚疾患などをもたらした。

現代人が悩む多くのものは、大量の穀物と砂糖の摂取が原因だったのだ。人類が神だと思って招き入れたのは、じつは悪魔だったのである。

穀物は多くの人類文化を支え、あらゆる生活の場に日常品として遍在しているため、多くの人間はそれを必要なものだと勘違いし、疑いを持つことはなかった。穀物に感謝せよという父母の教えや社会の伝承は、強固に大脳に刷り込まれていた。だから、それがよもや偽りの神とは誰も考えなくなった。

ようするに、彼らが神ではなく悪魔であることに気づくまでに、私たちはじつに1万2千年を要したのだ。私たちは21世紀になってようやく、穀物なし、糖質なしの食生活が、人類本来のものであることに気づいたのだ。

これまで人類文明の発展を縁の下で支えてくれた穀物には、素直に感謝しようと思う。穀物がこの世になかったら、文明はこれほど発達することはなかっただろうし、人類はこれほどまでに繁栄することもなかっただろう。1万2千年前に穀物栽培を始めなかったら、その後しばらくの間、人口増加はなく、人類の総数はせいぜい1千万人前後を推移していたかもしれない。

その結果、人口増加がもたらすストレスがなく、人類は大幅に機能強化された大脳を無駄にもてあましていただけだったかもしれない。その意味で、現代文明の源泉は、1万2千年前にメソポタミアの平原で「最初のコムギ栽培を始めた人間」だ。彼こそが、人類文明の方向を決めたのだ。

だがしかし、穀物は神ではなく単なる食物の一つに過ぎず、しかも人間を不健康にし、健康を奪ってきた食物だった。穀物は人類を増やしてくれたが、そのために穀物は世界中の土壌から養分を吸い尽くし、地下水をも飲み干そうとしている。

従来型の灌漑農業と穀物生産は、もうほとんど限界まで来ていて、そう遠くない未来に破綻することは目に見えている。つまり、穀物という偽りの神に執着していては、いずれ人類は穀物と共倒れになる運命だろう。

私たちはそろそろ、穀物という老俳優が「神」という配役名を捨てて、「美味だが摂取しなくていい食材の一つ」という本来の配役名に戻り、舞台から静かに消えていくのを、感謝の念を持って拍手で見送るべき時期に来ている。老いたる神々に支配された時代に終わりを告げ、理性と論理で未来を拓《ひら》く時代に足を踏み入れるのは今しかない。

神は死んだのではなく、そもそも最初から神ではなかったのだ。人間の過ちを正すのは人間にしかできない。ならば、穀物を神にまつりあげたのが古代の人類であるなら、その誤りを正すのは私たちの仕事だ。

穀物に依存しない食生活の可能性については、すでに説明したとおりだ。もちろん、それにより70億人の腹を満たせるかどうかは不明だし、最善を尽くしても大規模な飢餓が発生するかもしれない。

だが少なくとも、穀物栽培が地下水の枯渇とともに終焉《しゅうえん》を迎える以上、穀物以外の食糧へ転換する以外に選択肢はないし、その転換を成し遂げるための時間は、それほど多く残されていないかもしれない。

穀物という神の黄昏《たそがれ》を見届けて、人類はもう少し長生きするのか、それとも穀物と人類は同時に黄昏を迎えるのか、選択肢はおそらく2つに1つだ。そして、それを選ぶのは私たちの大脳であり、それこそが大脳の本来の仕事なのだ。

あとがき

本書では仮説を大胆に展開している。読者によっては「根拠のない仮説を書くべきではない」と反感を持たれる方もいるだろう。それは十分承知の上だ。仮説が正しいことが後に証明されれば格好いいが、間違いだった場合は赤っ恥をかき、物笑いのタネにされるのがオチだ。一方、世の常として、正しい仮説よりは間違っている仮説のほうが圧倒的に多い。つまり、仮説を堂々と書くのは極めてリスキーといえる。

だが、私はリスクを承知で次々と新しい仮説を考えては、書籍やネットを通じて公開している。理由は、魅力的な仮説を思い付いた科学者はそれを公開すべきであり、むしろ公開することが義務だと考えているからだ。複雑に入り組んでいる現実世界から真実を見出そうとするなら、仮定と仮説に基づいた思考実験は絶対に必要なのだ。

そして、仮説は公開されて第三者の目に触れて初めて命を得るが、自分の頭の中にしまっておくだけでは単なる死蔵である。ならば公開しないという選択肢はありえないだろう。それで賞賛を得るか笑い物になるかは確率問題であり、それは科学の本質とは無関係なものだ。

本書を書いている最中に私は56歳になった。孔子の言葉に従えば、「天命を知る」50歳はとうに過ぎ、「耳順《した》がう」60歳に刻々と近づいている。しかし、変な仮説ばかり考えている56歳はどう考えても「耳順がわず」そのものだが、仮説を提示しつづけることが、おそらく私の「天命」なのだろうと、自分に都合よく解釈している。

本書を書くにあたって参考にした書籍をジャンルごとに紹介する。

◇糖質制限の理論

『糖質制限食パーフェクトガイド』（江部康二著、東洋経済新報社）

『ヒトはなぜ太るのか?』（ゲーリー・トーベス著、メディカルトリビューン）

◇太古の地球環境

『大気の進化46億年 O_2とCO_2』（田近英一著、技術評論社）

『海はどうしてできたのか』（藤岡換太郎著、講談社ブルーバックス）

◇生命の起源と進化

『ＧＡＤＶ仮説　生命起源を問い直す』（池原健二著、京都大学学術出版会）
『ＤＮＡ誕生の謎に迫る！』（武村政春著、サイエンス・アイ新書）
『生命はなぜ生まれたのか』（高井研著、幻冬舎新書）
『生命の起源　宇宙・地球における化学進化』（小林憲正著、講談社）
『生と死の自然史　進化を統べる酸素』（ニック・レーン著、東海大学出版会）
『ミトコンドリアが進化を決めた』（ニック・レーン著、みすず書房）
『眼の誕生　カンブリア紀大進化の謎を解く』（アンドリュー・パーカー著、草思社）
『共生という生き方　微生物がもたらす進化の潮流』（トム・ウェイクフォード著、丸善出版）
『自滅する人類　分子生物学者が警告する１００年後の地球』（坂口謙吾著、日刊工業新聞社）

◇初期人類の食、農耕の誕生

『人類史のなかの定住革命』（西田正規著、講談社学術文庫）
『ヒトの子どもが寝小便するわけ』（福田史夫著、築地書館）
『ドングリと文明　偉大な木が創った１万５０００年の人類史』（ウィリアム・ブライアント・ローガン著、日経ＢＰ社）

『オアシス農業起源論』（古川久雄著、京都大学学術出版会）
『天才と分裂病の進化論』（デイヴィッド・ホロビン著、新潮社）
『親指はなぜ太いのか　直立二足歩行の起原に迫る』（島泰三著、中公新書）

◇古代文明と地球環境

『古代文明と気候大変動』（ブライアン・フェイガン著、河出文庫）
『風が変えた世界史　モンスーン・偏西風・砂漠』（宮崎正勝著、原書房）
『気候文明史　世界を変えた8万年の攻防』（田家康著、日本経済新聞出版社）

◇人類の食の歴史

『砂糖の歴史』（エリザベス・アボット著、河出書房新社）
『物語　食の文化　美味い話、味な知識』（北岡正三郎著、中公新書）

◇資源問題

『データで検証　地球の資源』（井田徹治著、講談社ブルーバックス）
『水と人類の1万年史』（ブライアン・フェイガン著、河出書房新社）
『見えない巨大水脈　地下水の科学』（日本地下水学会／井田徹治著、講談社）

本書を書くにあたって多くの助言をいただいた大平万里さんに、この場を借りて感謝の言葉を述べたい。彼は、私がピアノサイトを開設した直後からのメル友で、高校の生物の先生である。ピアノと科学について、つねに示唆に富むメールを送ってくれ、とりわけ生物学と生化学に関しては私の師匠である。本書の大枠（糖質制限について軽く紹介しつつ、生命の本質に鋭く迫っていく）はそんな彼とのメールのやりとりの中で生まれたものであり、彼がいなかったら本書を書こうという発想はそもそも浮かばなかったかもしれない。その意味では本書後半部の「陰の生みの親」である。

さらに、私のサイトに体験談をお寄せいただいた糖質セイゲニストの皆様にも感謝する。糖質制限を実際にしてみて、体重が減った、ウエストにくびれができた、不眠症が治った、糖尿病が治ったなど、自分の体に起きた嬉しい変化が綴《つづ》られたメールはどれも喜びにあふれていて、読む人を幸せにするものばかりだ。本書ではそのごく一部を紹介するにとどめたが、糖質制限が人体に及ぼす影響の守備範囲は極めて広く、今後、多くの疾患や加齢現象が糖質制限で軽快する可能性を示している。

また、編集の担当は前作『傷はぜったい消毒するな』（光文社新書）と同じ草薙さんだ。原稿を送るたびに書き手のやる気を引き出す返事を返してくれる素晴らしい編集者である。

怠け者の私にとっては、やる気を引き出してくれる名伯楽である。

私が生まれて初めて自分で選んで買った本は『マックスウェルの悪魔』（都筑卓司著、講談社ブルーバックス）だ。当時の私は中学1年かそこらで、たまたま本屋の書棚で見つけ、タイトルが面白そうという理由で購入した。中学生にはいささか難しい内容だったが、この本のお陰で私は科学の面白さに目覚め、いつしか理系人生を歩むようになった。その意味では、私の人生の方向性を決めた一冊だ。四十数年前のあの日、田舎町の小さな書店の書棚には間違いなく「科学の神」がいて、私をこの本に導いたのだ。

そして、この本に導かれるように、四十年の時を経て私は科学系の読み物を書く側にいる。思考実験することが何より好きな私にできることといえば、仮説や思いつきを発表する勇気を持とう、仮説を武器に「知の荒野」に足を踏み入れることほどスリリングで楽しいことはない、と読者に伝えることだけだ。そしてこれこそが、「悪魔」というタイトルを持つ本とその本に導いてくれた「神」に対し、私ができる唯一の恩返しだ。

本書を手に取り、最後まで読み通してくれた読者に感謝する。

夏井睦（なついまこと）

1957年秋田県生まれ。東北大学医学部卒業。練馬光が丘病院「傷の治療センター」長。2001年、消毒とガーゼによる治療撲滅をかかげて、インターネットサイト「新しい創傷治療」（http://www.wound-treatment.jp/）を開設。湿潤療法の創始者として傷治療の現場を変えるべく、発信を続けている。趣味はピアノ演奏。著書に『傷はぜったい消毒するな』（光文社新書）、『キズ・ヤケドは消毒してはいけない』（主婦の友社）、『さらば消毒とガーゼ』（春秋社）、『これからの創傷治療』（医学書院）、『創傷治療の常識非常識』『ドクター夏井の熱傷治療「裏」マニュアル』（ともに三輪書店）、共著に『医療の巨大転換《パラダイム・シフト》を加速する』（東洋経済新報社）などがある。

炭水化物《たんすいかぶつ》が人類《じんるい》を滅《ほろ》ぼす　糖質制限《とうしつせいげん》からみた生命《せいめい》の科学《かがく》

2013年10月20日初版1刷発行
2014年1月25日　7刷発行

著　者 ── 夏井睦
発行者 ── 丸山弘順
装　幀 ── アラン・チャン
印刷所 ── 堀内印刷
製本所 ── ナショナル製本
発行所 ── 株式会社光文社
東京都文京区音羽1-16-6（〒112-8011）
http://www.kobunsha.com/
電　話 ── 編集部03(5395)8289 書籍販売部03(5395)8113
業務部03(5395)8125
メール ── sinsyo@kobunsha.com

 ISBN 978-4-334-03766-6

652
蔵書の苦しみ
岡崎武志

「多すぎる本は知的生産の妨げ」「本棚は書斎を堕落させる」「血肉化した５００冊があればいい」――２万冊を超える本の山に苦しむ著者が格闘の末に至った蔵書の理想とは？

978-4-334-03755-0

653
鉄道旅行 週末だけでこんなに行ける！
所澤秀樹

忙しい人も、少しの工夫で盛りだくさんの旅行が鉄道なら楽しめる。時間がない人向けに鉄道旅行のコツをたっぷり紹介。週末だけで北海道や九州・四国を旅してまわる大技も披露！

978-4-334-03756-7

654
ものづくり成長戦略
「産・金・官・学」の地域連携が日本を変える
藤本隆宏
柴田孝［編著］

「現場の視点」を抜きにした長期成長戦略はありえない――。東大「ものづくり経営研究センター」の誕生から全国に広がったプロジェクトの現状を紹介。発想と実践方法を学ぶ一冊。

978-4-334-03757-4

655
あんな「お客《クソヤロー》」も神様なんすか？
「クレーマーに潰される！」と思った時に読む本
菊原智明

お客様からのクレームは仕事においてもっとも憂鬱なトラブルだ。元トップ営業マンが実体験から導き出した「逃げない」対処法。お客様に「クソヤロー」と叫ぶ前にどうぞ。

978-4-334-03758-1

656
99・9%が誤用の抗生物質
医者も知らないホントの話
岩田健太郎

抗生物質は本当は何に「効いて」何に「効かない」のか。漫然と処方され続けることで起きている危機的状況、知らずに曝されているリスクとは――。医者と患者と薬の関係を問い直す。

978-4-334-03759-8

657

1日で学び直す哲学
常識を打ち破る思考力をつける

甲田純生

好きな哲学者も座右の銘も、何ひとつ浮かばない……。そんな人こそ、教養として哲学的思考を身につけたいもの。ソクラテスからハイデッガーまで、哲学の面白さを凝縮した一冊。

978-4-334-03760-4

658

子どもの遊び　黄金時代
70年代の外遊び・家遊び・教室遊び

初見健一

ろくむし、壁野球、スーパーカー消しゴム、コックリさん……。70年代の子どもの遊びはバリエーションに富んでいた。TVゲーム登場前の楽しい遊びの数々をルールとともに紹介。

978-4-334-03761-1

659

個人情報ダダ漏れです！

岡嶋裕史

スマホアプリにアドレス帳の情報を抜かれた。／ツイッターの書き込みから、自宅を特定された。／PCの遠隔操作ってそんなに簡単にできるの？——スマホ時代の個人情報防衛術。

978-4-334-03762-8

660

人生で大切なことはラーメン二郎に学んだ

村上純

関東を中心に店舗を広げ、熱狂的なファンを増やし続けるラーメン二郎。行列に並び、凄まじい量に苦しみつつも食べたくなるのは一体なぜ？ その魅力を徹底解剖し、二郎愛を語り尽くす。

978-4-334-03763-5

661

ルネサンス　三巨匠の物語
万能《レオナルド》・巨人《ミケランジェロ》・天才《ラファエッロ》の軌跡

池上英洋

同時代を生きた三人の芸術家は、フィレンツェで、ローマで、どう出会い、何を感じ、何を目指したのか——。史実と仮説を織りまぜながら、これまでになかった人間ドラマを描く。

978-4-334-03764-2

光文社新書

662 **私の教え子ベストナイン**

野村克也

辛口ノムさんが監督を務めた南海、ヤクルト、阪神、楽天のチームメイトからベストナインを選出！　おなじみの野村節と弟子たちの生き様から人生哲学も学べる濃厚な一冊。

978-4-334-03765-9

663 **炭水化物が人類を滅ぼす**
糖質制限からみた生命の科学

夏井睦

傷の湿潤療法の創始者で、糖質制限ブームの陰の火付け役でもあるDr.夏井の待望の書！　実験屋魂を刺激された糖質制限を足がかりに文明発祥や哺乳類誕生の秘密にまで大胆に迫る。

978-4-334-03766-6

664 〈オールカラー版〉
日本画を描く悦び

千住博

ヴェネツィア・ビエンナーレで東洋人初の名誉賞を受賞した著者が、母の影響から人生を変えた岩絵の具との出会い、日本画の持つ底力まで、思いのすべてを描き尽くした一冊。

978-4-334-03767-3

665 **世界で最もイノベーティブな組織の作り方**

山口周

イノベーションを生み出すための組織とリーダーシップのあり方とは？　組織開発が専門のヘイグループに所属する著者が、豊富な事例やデータをまじえながらわかりやすく解説！

978-4-334-03768-0

666 **迷惑行為はなぜなくならないのか？**
「迷惑学」から見た日本社会

北折充隆

USJ大学生＆飲食店バイトのツイッター問題、歩きスマホ、電車の座席での大股開き——とかく今の日本は迷惑行為だらけ。「迷惑学」の観点から、この現象を徹底的に考えてみた。

978-4-334-03769-7